Meinem Freund

Rai...

in Erinnerung an

seinen 40.sten

Geburtstag,

Dein

[signature]

BJÖRN BREITTER

KLASSISCHE SPORTWAGEN

© Fackelträger Verlag GmbH, Köln

Abbildungen. action press: S. 8/9; Conceptcarz: S. 68, 238; Corbis Stock Photography:
S. 12; Getty Images: S. 156, 164/165; IBICS: S. 141, 142; Reinhard Lintelmann: S. 81, 153,
166/167; Magiccarpictures: S. 52, 60, 84; Jochen Mass: S. 7; mecom.multimedia: S. 72,
125, 155, 156, 199; picture-alliance/akg-images: S. 12; Scala Picture Library: S. 47, 65, 75,
79, 82/83, 108, 110, 217; Supercars: S. 117. Bei allen übrigen Abbildungen handelt es sich
um Werkfotografien.

Cover und Gestaltung:
hassinger & hassinger & spiler, visuelle konzepte, Dortmund

Gesamtherstellung:
Fackelträger Verlag GmbH, Köln

ISBN: 978-3-7716-4402-4

www.fackeltraeger-verlag.de

Meinem Freund

Raik

in Erinnerung an
seinen 40. sten
Geburtstag,

Dein

[signature]

BJÖRN BREITTER

KLASSISCHE SPORTWAGEN

© Fackelträger Verlag GmbH, Köln

Abbildungen. action press: S. 8/9; Conceptcarz: S. 68, 238; Corbis Stock Photography: S. 12; Getty Images: S. 156, 164/165; IBICS: S. 141, 142; Reinhard Lintelmann: S. 81, 153, 166/167; Magiccarpictures: S. 52, 60, 84; Jochen Mass: S. 7; mecom.multimedia: S. 72, 125, 155, 156, 199; picture-alliance/akg-images: S. 12; Scala Picture Library: S. 47, 65, 75, 79, 82/83, 108, 110, 217; Supercars: S. 117. Bei allen übrigen Abbildungen handelt es sich um Werkfotografien.

Cover und Gestaltung:
hassinger & hassinger & spiler, visuelle konzepte, Dortmund

Gesamtherstellung:
Fackelträger Verlag GmbH, Köln

ISBN: 978-3-7716-4402-4

www.fackeltraeger-verlag.de

DIETER H. WIRTZ (HRSG)

GENTLEMAN`S LIBRARY
DIE BIBLIOTHEK DES GEHOBENEN LEBENSSTILS

BJÖRN BREITTER

KLASSISCHE SPORTWAGEN

MIT EINEM VORWORT VON
JOCHEN MASS

Edition
Fackelträger

300 SL

INHALT

VORWORT VON JOCHEN MASS

Worin liegt der Reiz eines »Sportwagens«? Was löst er in uns aus, wenn wir einen solchen Boliden sehen, hören und, ja, riechen? Ein Ding für alle Sinne? Genau das. Meine Begeisterung für eine tiefgehende Sportwagenliebe liegt natürlich in meiner Jugend. Als die Wagen noch viel exotischer als die heutigen waren, dazu einen ganz eigentümlich-greifbaren Glanz ausstrahlten und von der großen Welt erzählten, von Rennen in anderen Erdteilen, von Menschen, die sie fuhren und dabei der Reputation der Wagen in nichts nachstanden. Es waren ihre Kleidung, ihre Schuhe und natürlich die Frauen um sie herum. Das verströmte ein unwiderstehliches Flair. Und das war für mich die große Welt.

Ich weiß noch gut, als der ›Jaguar E-Type‹ erschien, von unsagbarer Noblesse, am besten auf Kieswegen langsam durch eine Allee rollend, oder der wunderbare ›300 SL Flügel‹ oder, besser noch, der Roadster davon, denn offen war für mich immer die beste Lösung. Dann der ›356 Porsche Carrera‹ – mit seinen zwei Litern, mit desmodromischer Ventilsteuerung. Das war es doch! Natürlich auch als Roadster! Schließlich der schmerzhaft schöne ›BMW 507‹, nie mehr verbessert, ebenso Ikone wie die anderen!

Und so hingen wir in jenen Wirtschaftswunderjahren unseren Träumen nach, und als es endlich möglich war, diese Wunderautos zu fahren, sie gar zu besitzen, war es, als würde man in einem pubertären Traum dahindämmern. Es war einfach schön. Und heute? Wo es unglaublich viele solcher begehrlichen Kraftautos gibt? Lebt der Traum von damals heute weiter? Aber hallo! Wenn ich das Glück habe, ein Auto der Gründerzeit zu fahren, eines, das in den ersten Jahren des 20. Jahrhunderts gebaut wurde, wie kürzlich einen ›Mercedes Simplex‹ von 1904, dann kann ich erst empfinden, was es seinerzeit hieß, mobil zu sein und die Freiheit der Mobilität zu »erfahren«.

Es war für mich noch nie die Geschwindigkeit, die den Reiz zahlreicher »Sportwagen für die Straße« ausmachte, nein, aber es war das Bewusstsein, dass man seine Schnelligkeit eigentlich zeigen könnte, dass man sie aber niemandem beweisen musste.

Ich wünsche Ihnen eine interessante und unterhaltsame Lektüre – und bestimmt werden auch Sie mehr als einmal emotional bewegt sein, wenn sich die Welt der klassischen Sportwagen vor Ihnen auftut.

Le Bar sur Loup, im Januar 2009

Jochen Mass

Jochen Mass, geboren 1946 im bayerischen Dorfen, gehört zu den besten deutschen Allroundrennfahrern aller Zeiten. Der gelernte Seemann erzielte Erfolge in der ›Formel 1‹ und bei zahlreichen Sportwagenrennen. So gewann er unter anderem 1989, zusammen mit Manuel Reuter und Stanley Dickens, auf einem ›Mercedes-Sauber‹ das berühmte ›24-Stunden-Rennen von Le Mans‹. Heute ist Jochen Mass, der in Südfrankreich lebt, gern gesehener Fahrer bei großen Oldtimerrennen.

MYTHOS SPORTWAGEN

DIE LEGENDE VON DER UNSTERBLICHKEIT

Es ist der 30. September 1955. Ein warmer, typischer Spät-sommertag an der kalifornischen Westküste geht zur Neige. Auf einem Highway nördlich von Los Angeles gleiten gemächlich drei Sportwagen inmitten des Pulks aus Straßenkreu-zern und Pick-ups hintereinander der rotglühenden Abendsonne entgegen. Angeführt wird die Gruppe von einem auffälligen sil-bernen ›Porsche 550 Spyder‹ mit einer gesprühten »130« auf der Fronthaube und dem eigenwilligen Schriftzug »Little Bastard« am Heck. Auf der Höhe von Cholame rast der kleinen Kolonne auf der Gegenfahrbahn ein ›Ford‹ entgegen. Plötzlich zieht der ›Ford‹ nach links und durchbricht die Fahrbahntrennung. Ungebremst bohrt sich der flache ›Porsche‹ in die Flanke des heranschleudernden Wagens und fliegt zerschmettert in die Böschung. Im nahe gelege-nen Krankenhaus kann nur noch der Tod des jungen Fahrers fest-gestellt werden. Es ist James Dean. Der neue Filmstern am glit-zernden Firmament Hollywoods ist erloschen.

Doch mit dem tragischen Tod auf dem Asphalt auferstand zu-gleich die Legende vom ewigen Rebellen, wurde ein neuer Mythos von der Unsterblichkeit der Jugend geboren. »Live fast, die young« lautete seitdem die zigfach kopierte Anleitung zum kurzen, dafür umso intensiveren Glück.

Wie in den Gesängen des mittelalterlichen Troubadours das Pferd, so wurde jetzt der Sportwagen, nicht der Mensch zum treuesten und letzten Gefährten des modernen, doch zeitlosen Helden der Auflehnung.

In den fünfziger Jahren, als Frauen noch Kurven haben durften und Männer von Welt noch Wert auf Maßanzüge legten, begann eine neue Ära des Automobils. Der Krieg war Vergangenheit, die Menschen blickten wieder optimistisch in die Zukunft. Mit den Massenprodukten kam aber auch die Sehnsucht nach Individualität auf, nach dem Ausbruch aus der Konformität. Sportwagenfahren wurde zu einer Lebensart. Ob deutsche Ingenieurskunst oder rassige italienische Verführung, ob knorrig-elegantes britisches Understatement oder amerikanische Hubraumunendlichkeit – die automobilen Enthusiasten setzten ihre Leidenschaft, ihr Stilempfinden und ihre handwerkliche Kunst gegen das große Einerlei. Perfektes Handling und extreme Fahrleistungen standen und stehen im Mittelpunkt der Sportwagenschmieden. Tradition, Eigensinn und der unbedingte Wille, zum Besten zu streben, schufen Ikonen der Neuzeit, die bis heute nichts von ihrem Glanz verloren haben.

Jene Ikonen leben auch vom und durch den Kult. Was wäre ein Gentleman wie James Bond ohne seinen tadellosen, pflichttreuen ›Aston Martin‹? Seit an Seit mit dem Agenten Seiner Majestät er-

langte diese »reinrassige« Sportwagenmarke einen absoluten Kultstatus. Perfekt wie der maßgeschneiderte 007-Anzug der saß das Blechkleid mit langer Motorhaube und chromblitzenden Speichenrädern. Von Hand gefertigt waren Kalbslederpolster und ein Armaturenbrett aus Vogelaugenahorn ebenso wie die Gegner ausschaltenden Umbauten am »Dienstwagen« des Meisterspions. Zugegeben, Sportwagen sprechen das Gefühl an, nicht den Verstand. Sie sind nur bedingt alltagstauglich und schlucken unverhältnismäßig viel Benzin. Na und? Unsere Straßen sind voll von zu Blech geronnenem Shareholder-Value, von Aktienkursen auf Rädern und gleichförmigen Lean-Production-Kisten. Sportwagen, klassische ganz besonders, laden sowohl zum Tagträumen als auch zu einem der letzten Abenteuer ein. Sie enttäuschen nicht. Einen rationalen Grund zum Kauf eines Luxusflitzers gibt es doch. Rare Sportwagenklassiker sind kostbar und eine stabile Geldanlage mit garantierten Kurszuwächsen. Mehr als 1,3 Millionen Euro erlöste beispielsweise die Versteigerung eines ›Mercedes-Benz 540 K‹-Cabriolets beim Auktionshaus ›Christie's‹. Gut, dass James Dean nie davon erfahren wird.

Sportwagen. (K)eine Definition

Edel, stark, teuer. Blitzschnell, leicht, wendig. Die Attribute eines Sportwagens sind so klar wie sein Konzept und die klassische Linienführung. Sportwagen sind all jene Konstruktionen, die nicht ausschließlich für die Rennpiste gebaut sind. Roadster und Speedster, Sportcabrios und Sportcoupés sind Mitglieder dieser exklusiven Familie.

Ihre schnittige, flache Form und der Sound der kaum gebändigten Pferdestärken unter der Motorhaube lassen wahrlich niemanden unberührt und den Puls eines jeden Autoliebhabers bedrohlich schneller schlagen. Sportwagen sind ultimative Fahrma-

13

schinen, hart gefedert, laut, eng – und vor allem schnell. Was zählt, sind eine starke Motorisierung, überragendes Fahrverhalten, überdurchschnittlich standfeste Bremsen und ein aerodynamisches Design. Das Herz der Traumwagen ist natürlich der Motor, möglichst ohne Hubraumbeschränkung, aber mit vielen Brennkammern. Und so lautet die Formel für das Zylinder-Prestige: Vier Zylinder für Arme, sechs für Aufsteiger, acht für Begüterte, aber zwölf für die High Society und die Süchtigen nach Pferdestärken.

Raum ist in Sportwagen ein äußerst knappes Gut. Die Enge hat ihren Grund, denn den wichtigsten Platz beanspruchen schließlich das Antriebsaggregat sowie ein fein abgestuftes Getriebe, meist mit sechs Gängen oder einer drehzahloptimierten Automatik. Sie bestimmen Bauch- und Beinfreiheit von Fahrer und Beifahrer der (zumeist) Zweisitzer. In älteren Modellen baute man die vielzylindrigen Motoren überwiegend vorn längsliegend ein. Dieser Bauweise verdanken wir die markanten, extrem langen Kühlerhauben und die wunderschönen, geschwungenen Kotflü-

gel. Unter dem Blech lieferten die Hochleistungsmotoren jede

Menge Wärme, weshalb innovative Lösungen für die Kühlung ge-
fragt waren. Große Lufteinlässe an Fahrzeugfront, Kühlerhaube
und den seitlichen Kotflügeln waren die Antwort der Designer
und Techniker. Sie schufen unverwechselbare, einzigartige Ge-
staltungsformen und Linien. Jede Marke erhielt ihr eigenes und
oft eigenartiges Gesicht. Typische Fahrzeugfarben wie das dunkle
›Alfa Romeo‹- oder das hellere ›Ferrari‹-Rot, das British Racing
Green oder das Aluminiumsilber der »Silberpfeile« von ›Mercedes‹ betonten den Charakter der jeweiligen Marke.
Später hielten sehr starke Mittel- und Heckmotoren Einzug in
den Sportwagenbau und bestimmten ihrerseits die Form der Modelle. Flunderflache, leichte Sportwagen mit selbsttragender Su-

perleggera-Karosserie, mit Flügeltüren und mit Spoilern für die optimale Bodenhaftung wirkten wie Besucher einer fremden Galaxie, kündeten vom Einzug der Zukunft. Straßenlage und Fahrzeugschwerpunkt hatten sich revolutionär verbessert. Extrem hart abgestimmte Fahrwerke meldeten jede Fahrbahnunebenheit an die Nervenbahnen des Rückenmarks, sorgten aber für die optimale Kurvenlage und gemeinsam mit dem unwiderstehlichen Antritt für den unvergleichlichen Adrenalinschub. Nicht die Strapazen einer mit Serpentinen gespickten Bergtour schmerzten, nein, es war und ist der Augenblick, in dem man den Motor abstellen muss.

Ach ja, im Kofferraum eines Sportwagens finden bestenfalls ein Satz Golfschläger und ein klassischer Picknickkorb Platz. Ersatzweise eine ›Louis Vuitton‹-Tasche der Gespielin, pardon: Gefährtin. Doch um Platz im Heck ging und geht es bei den edlen Flitzern nicht. Sportwagenfahrer senden ihr Gepäck voraus.

Um Meter und Sekunden. Ein kleiner historischer Abriss

»Ein Rennwagen, die Kühlerhaube geschmückt mit großen Röhren, Schlangen mit brennendem Atem; dieser brüllende Wagen, der auf einer Kanonenkugel zu reiten scheint, ist schöner als die Nike von Samothrake ...«, diktierte der italienische Dichter Filippo Tommaso Marinetti 1909 in sein *Futuristisches Manifest*. Diese schwärmerische Glorifizierung des technischen Fortschritts spiegelte das Lebensgefühl einer jungen Generation wider, die um die Jahrhundertwende gegen den Staat, die Kirche sowie jegliche Rückständigkeit aufbegehrte. Sie huldigte vorbehalt- und rücksichtslos der Göttin Velocità – sei es mit einer neuen Kunst, sei es mit einem Automobil. Dabei war das sportliche Kräftemessen, der Kampf um Meter und Sekunden so alt wie die Geschichte des Automobils selbst.

Erstmals Ende des 19. Jahrhunderts rangen in Frankreich Rennfahrer bei Testfahrten mit der Technik – und um den Sieg. In den
»Zuverlässigkeitsrennen« reizten sie die Höchstgeschwindigkeit
und ihr fahrerisches Können aus. Jene Rennveranstaltungen wurden im Stile mittelalterlicher Turniere aufgezogen und begründeten den Mythos von der »Ritterlichkeit« auf der Landstraße.
Ehrlichkeit und Fairness vor allem sollten den wahren Sportwagenfahrer auszeichnen.

Mit jedem Sieg stiegen Bekanntheit und Marktwert einer Automarke. Hier zählte vor allem der Erfolg, sicherte allein er doch
das Überleben: Die Marken kämpften erbittert gegeneinander,
wobei der Tod vieler kleiner Sportwagenschmieden von der Un-
erbittlichkeit des Geschäfts kündete.

Im Jahre 1894 startete eine der ersten und legendärsten Strecken-
fahrten: ›Paris–Rouen‹. Pierre Giffard, ein bekannter Pariser Jour-
nalist, hatte sie ins Leben gerufen. Mit spendabler, aber nicht un-
eigennütziger Unterstützung durch das *Le Petit Journal* gingen
21 Fahrzeuge auf die 127 Kilometer lange Buckelpiste. Immerhin
17 erreichten das Ziel. Schnellster war Graf Albert de Dion mit
seinem dampfgetriebenen Modell in einer berauschenden Durchschnittsgeschwindigkeit von 19 Kilometern pro Stunde. Aufgrund
der Begeisterung und großen Resonanz bei allen Automobil-
enthusiasten organisierte der gerade ins Leben gerufene ›Automobile Club de France‹ in den folgenden Jahren weitere Rennen.
Internationale Zuverlässigkeitsfahrten etablierten sich, und es
gab keine Saison ohne Hochgeschwindigkeits- oder Bergrennen.
Wegen der abenteuerlichen Straßenzustände trugen Fernfahrt-
klassiker wie ›Paris–Bordeaux‹ noch eindeutigen Rallye-Charak-
ter, in denen es neben der Technik besonders auf das Geschick
des Piloten ankam. Wagen unterschiedlichster Bauart und Leistung traten gegeneinander an. Dampfwagen gegen Stinker mit
Verbrennungsmotoren, die wiederum gegen Fuhrwerke mit elek-

trischem Antrieb. Es wurde Zeit für ein Reglement, für Gerechtig-
keit. Um die Jahrhundertwende verständigten sich die Mitglieder
des neugegründeten ›Mitteleuropäischen Motorwagenvereins‹
und der ›Association Internationale des Automobile Clubs Re-
connus‹ auf einheitliche Richtlinien für die Einteilung der Modelle in die Kategorien Renn-, Sport- und Serienwagen, und 1907
etablierten sich mit der Fertigstellung der Autorennbahn im englischen Brooklands endgültig Rundstreckenrennen. Die Jagd auf
immer neue Rekorde und Bestzeiten hatte begonnen. Im Jahre
1909 wurde die 200-km/h-Grenze im wahrsten Sinne überfahren,
und 1927 fiel die Dreihundertermarke. »La Jamais Contente«
(»Die niemals Zufriedene«) taufte der belgische Rennfahrer Ca-
mille Jenatzy seinen Torpedorennwagen. »Niemals zufrieden« geriet denn auch zum Motto einer ganz besonderen Spezies unter
dem Menschengeschlecht.

GROßBRITANNIEN

KLASSENBEWUSSTSEIN UND SPORTSGEIST

Vier Dinge zeichnen einen Gentleman von der Insel aus: Selbstbeherrschung und Humor, Understatement und Hingabe. Letztgenannte Eigenschaft tritt gegenüber der Ehegattin mitunter etwas marginal in Erscheinung, zumal wenn der Herr des Hauses zugleich eine verhängnisvolle Affäre mit einem klassischen Sportwagen aus dem eigenen Land eingegangen ist. Diese sportlich zu nennende Leidenschaft verlangt eine absolute, lebenslängliche Passion. Ist der Engländer erst einmal dem Reiz eines zeitlos eleganten, sich bretterhart sträubenden Zweisitzers, dem Geruch von Holz und Leder verfallen, bleibt der Angetrauten meist nur das Schicksal der Haremsdame – sie wird zur Zweitfrau. Manche Ehe wird eher getrennt, bevor die tiefe, unerschütterliche Zuneigung zur automobilen Gefährtin auch nur einen minimalen Riss erfährt. Dabei kann ein typischer englischer Sportwagen bei Weitem nicht mit dem Temperament und der Leistung vieler seiner italienischen Pendants dienen, besitzt er nicht die hubraumdefinierte Stärke und den Komfort eines amerikanischen, weist er nicht die technische Perfektion und Schlichtheit eines deutschen Modells auf.

Man muss sich die Faszination eines britischen Klassikers erfahren. Meile um Meile offenbart sich die Philosophie der eher selten perfekten, aber von der Grundidee des sportlich Ambitionierten durchdrungenen englischen Marken. Ist man in deren Geheimnisse eingeweiht, akzeptiert man die zumeist unheilbaren Macken der Insulanerautomobile aus der Ära der Nachkriegszeit

bis in die Roaring Sixties. Wenn sie im Winter pro Nacht einen Liter Öl mehr verbrauchen als in einer lauen Sommernacht, dann nur deshalb, weil der dunklen Stunden eben mehr sind. In einem Land, in dem der Wetterbericht unerschütterlich vor den Kriegsnachrichten verkündet wird, muss ein Verdeck nicht dicht sein. Warum soll ein ›Lotus‹ eine Mantelablage vorweisen, wenn man doch zu fahren und nicht zu spazieren gedenkt? Selbst ein Notsitz bedeutet nur Strafe für denjenigen, der von dem Vergnügen einer Spritztour zu zweit ausgeschlossen ist. Ein klassischer Sportwagen – Oldtimer nennt man in Großbritannien leicht despektierlich höchstens betagte Senioren – gerät weder aufs Altenteil, noch verkommt er zum aufpolierten Vitrinenstück. Was vor sechzig Jahren gut war, kann jetzt nicht schlecht sein, und so benutzt der sportlich ambitionierte Brite sein Classic Car als gewissermaßen

alltägliches Fortbewegungsmittel. Günstige Steuersätze für Klassiker erleichtern die Haltung der Veteran Cars und bewirken den bunten, zeitlosen Modellmix auf englischen Landstraßen, wobei diese »Vehikel« Geschichte lebendig werden lassen.

Auf den zahllosen Berg- und Langstreckenrennen, die vor einem Jahrhundert an fast jedem Wochenende stattfanden, wurde den Pionieren der Motorwelt bald bewusst, dass Geld und Mut nicht ausreichen, um ihre Passion zu erklären. Aus Querfeldeinautos wurden berühmte Motorsportmarken: ›Aston Martin‹, ›Austin-Healey‹, ›Triumph‹ und viele, viele andere.

Was zählte, war nicht allein die Höchstgeschwindigkeit, sondern waren auch und vor allem Stehvermögen, Belastbarkeit und Anspruchslosigkeit – in den Augen vieler kontinentaler Sportwagenbauer spleenige, belächelte Attribute. So lästerte Ettore Bugatti über den 3-Liter-›Bentley‹ als den schnellsten Lastkraftwagen der Welt. Doch die Insulaner scherte das wenig. Sie fanden in diesen Eigenschaften sich selbst wieder.

In den zwanziger Jahren kaufte man ein Automobil aus dem
Schaufenster weg, nahm die Windschutzscheibe ab, demontierte
Scheinwerfer und Kotflügel und fuhr auf eigener Achse zur Rennpiste, wie weit entfernt sie auch sein mochte. Da Briten gerne ihre
Kräfte messen, suchten sie auch vermehrt die hervorragend aus-
gebauten kontinentalen Schnellstraßen auf, die sich besonders
gut für Rennen und Testfahrten eigneten; das taten sie in wach-
sendem Maße, als mit dem Krieg die nationale Kultstätte Brooklands geschlossen wurde. »Continental« steht seither für das Qua-
litätssiegel im Ausland erprobter Wagen, die oft erst nach einer
›Alpenrallye‹ in Serie gingen.

Anders herum funktionierte solches ebenfalls, und so statteten
Besitzer eines ›Grand Prix‹ ihren Wagen flink mit ein wenig Komfort aus. Fertig war der Tourenwagen, immer noch gut für eine
scharfe Wettfahrt. Diese Praxis erklärt, warum so viele englische
Rennwagen eine Straßenzulassung besitzen. Den internationalen
Regeln und Trends folgend, wandelte sich mit der Zeit die Mehr-
heit jener knorrigen Sportwagen »Made in Great Britain« vom as-
ketischen Zweisitzer zum komfortablen ›GT‹. Gleichwohl: Mehr
als in allen anderen Ländern ist im Mutterland des Sportwagens
der Besitz eines Cabrios wie auch eines Coupés nicht ausschließlich eine Frage des Geldes, aber immer eine des Charakters und
Stolzes.

BRUDERPAAR MIT BENZIN IM BLUT: A.C.

In dem kleinen Städtchen Thames Ditton nahe London fertigten
die Brüder Charles und Derek Hurlock Anfang der fünfziger Jahre
komfortable, aber biedere Automobile. Angefangen hatte alles mit
kleinen, praktischen Dreiradtransportern, »Autocarriern«, aus
denen der Firmenname ›A.C.‹ entstand. Obwohl nicht erfolglos,
wollten die Selfmademen das altbackene Image ihrer Autos unbe-

dingt abstreifen – immerhin ging der in den Karossen verbaute Sechszylinder-Leichtbaumotor noch auf eine Konstruktion des Firmengründers John Weller aus dem Jahre 1919 zurück. Ein Zufall verhalf dann der kleinen Autoschmiede zum erfolgreichen Einstieg in das Sportwagengeschäft …

AC Ace / Aceca

Bei ihrer Suche nach einer Idee für ein neues Modell stießen die Brüder auf den handgearbeiteten Prototyp eines Rennwagens. Sofort sicherten sie sich die Rechte an diesem Modell mit Namen ›Tojeiro‹, eines trotz des exotischen Namens waschechten »Engländers«. Daraus entwickelten die Hurlocks zwei gänzlich unterschiedliche Versionen: eine mit einem 2-Liter-Vorkriegsmotor von ›Bristol‹ auf der Basis des ›BMW 328‹, die andere mit einem renntauglichen 2-Liter-Aggregat von ›Lea Francis‹. Das Fahrwerk, ein einfaches, aus großvolumigen Röhren montiertes Leiterchassis mit unabhängiger Einzelradaufhängung an allen Rädern sowie Blattfederung, trug deutlich die Handschrift des Designers John Tojeiro, der Renn- und Sportwagen auf Bestellung anfertigte. Knallhart war nicht nur die Federung, sondern auch die Kalkulation des geschäftstüchtigen Autobauerduos, konnte es doch mit nur geringen Investitionen, etwa für Werkzeug, die Chassis in den eigenen Werkstätten fertigen.

Rein äußerlich war eine gewisse Ähnlichkeit der ›Touring‹-Variante mit dem ›Ferrari 166 Barchetta‹ nicht zu leugnen. Den Kun-

---

AC Ace / Aceca
Baujahre: 1953 – 1963; *Motor:* Sechszylinder-SOHC-Reihenmotor *bzw.* Bristol-Sechszylinder-OHV-Reihenmotor; *Hubraum:* 1991 *bzw.* 1971 cm³; *Leistung:* 85, 90, 102 *bzw.* 105, 120, 130 PS; *Fahrwerk vorn und hinten:* Einzelradaufhängung, Doppeldreieckslenker, Blattfedern; *Gewicht:* 765 – 835 kg; *Speed 0 – 100 km/h:* 9,1 – 13,7 s; *Vmax:* 165 – 200 km/h

den jedenfalls gefiel der windschnittige, elegant-spartanische Auftritt. Zügig und problemlos verwandelten die Briten den Rennwagen durch die Weiterentwicklung des ›Bristol‹-Motors und der ›Moss‹-Schaltung in einen straßentauglichen Sportwagen. Bereits im Oktober 1953 standen Prototypen auf der Londoner ›British International Motor Show‹. Immerhin fünf Wagen verließen danach pro Woche die Werkstatt.

Nach einem Motortuning auf 85 PS erreichte der ›Ace‹ stolze 165 km/h Spitzengeschwindigkeit, und 1958 wurde die Leistungsausbeute sogar bis auf bemerkenswerte 102 PS gesteigert. Dabei ließ sich, einerseits, der ›Bristol‹-Motor bis zum Drehzahllimit stotterfrei hinaufbeschleunigen; andererseits ermöglichte er im obersten Gang selbst bei nur 1000 Umdrehungen der Kurbelwelle ein ruhiges Dahinbummeln. Setzte ab 2500 U/m der Schub erst richtig ein, bereitete er beim anhaltenden Tritt aufs Gaspedal der Kommunikation im Wagen rabiat ein Ende.

A.C. Ace

Schon 1954 hatte ›A.C.‹ auf der Automobilschau in Earls Court neben dem offenen Zweisitzer den ›Aceca‹ präsentiert, ein Fließheck-Coupé, das stark an die berühmten Familienvorgänger gleichen Namens in den Dreißigern erinnerte. Bald erhielt es den hin und wieder vergebenen Zusatznamen »Business Man's Express«. Wiederum fiel die starke Ähnlichkeit zu einem Modell aus einem anderen Rennstall auf. Offensichtlich war seine Fastback-Linie von ›Aston Martin‹ beeinflusst. Gleichwohl ging die Geburt des ›Aceca‹ auf Ideen des ›A.C.‹-Direktors Alan Turner zurück. Obwohl schwerer als die offene, erreichte die geschlossene Version aufgrund ihrer besseren Windschlüpfrigkeit die höhere Endgeschwindigkeit.

Im Verlauf der acht Jahre, in denen das Coupé gebaut wurde, modifizierte ›A.C.‹ das Modell optisch nur unwesentlich. Ab 1958 rundete man die unteren Ecken der Windschutzscheiben, und zwei Jahre später integrierte man die Dachrinne in die Karosserie. Bis dahin wurde sie einfach aufgeschraubt. Dagegen ließen sich, englisch-spleenig, die Türen weiterhin nur von innen öffnen: Man klappte einen Teil der Seitenscheibe ab, um dann den Griff zu ziehen. Ungeachtet dessen erwarben sich die ›A.C.s‹ ob ihrer Zuverlässigkeit – speziell die Fahrwerkskonstruktion überzeugte – einen guten Ruf; dennoch wurde die Forderung nach einem stärkeren Antriebsaggregat lauter. Da die technische Entwicklung der eigenen Motoren ausgereizt war, suchte man bei Fremdherstellern – und wurde wieder bei ›Bristol‹ fündig. Mit deren Motoren erreichte der ›Ace‹ 187, der ›Aceca‹ gar 200 km/h Spitze. Unabhängig von dieser Übernahme entwickelte ›A.C.‹ beide Modelle ständig weiter. Die Techniker statteten die Sportwagen mit Scheibenbremsen sowie elektrisch betriebenem Overdrive aus, wechselten das ›Moss‹- gegen ein ›Triumph TR3A‹-Getriebe, und dem Roadster wurde ein abnehmbares Hardtop spendiert. Das alles kam an, und professionelle Fahrer bescheinigten den ›A.C.s‹

A.C. Aceca

ein tolles Temperament, deren Grenzen weniger durch die Technik denn durch das Können seiner Piloten gesetzt wurden.

Bis zum Herbst 1963 kämpfte ›A.C.‹ um seine Eigenständigkeit. Nachdem ›Bristol‹ 1959 wegen finanzieller Schwierigkeiten die Zusammenarbeit aufgekündigt hatte, bot sich mit dem von ›Ruddspeed‹ getunten 2,6-Liter-›Ford Zephyr‹-Motor kurzfristig eine Alternative. Doch die ›A.C. Cars Limited‹ erlöste mit der Zeit zu wenig Gewinn, und so sah man sich gezwungen, 1963 den Bau der ›Cobra‹-Karosserien für den US-Konstrukteur Carroll Shelby zu übernehmen.

AC 428

Im Jahre 1965 erreichten die ›Cobra‹-Verkäufe ihre absolute Rekordmarke. Eingedenk der Redensart, Automobile aus dem Hause in Thames Ditton seien die »Rolls-Royce of the Light Cars«, planten die Hurlock-Brüder einen Sportwagen mit dem Komfort einer

> **AC 428**
> *Baujahre:* 1965 – 1973; *Motor:* Ford-USA-V8; *Hubraum:* 7014 cm^3;
> Leistung: 345 PS; *Fahrwerk vorn und hinten:* Einzelradaufhängung,
> Doppeldreieckslenker, Schraubenfedern; *Gewicht:* 1445 kg;
> *Speed 0 – 100 km/h:* 6,2 – 7,5 s; *Vmax:* 216 – 240 km/h

Luxuslimousine. Die zündende Idee dahinter: Warum sollte man
das mit Spiralfedern ausgestattete und eine ideale Straßenlage
garantierende hervorragende ›Cobra‹-Fahrwerk nicht für einen
modernen, luxuriös ausgestatteten ›GT‹-Sportwagen adaptieren?
Diese Vorstellung vor Augen, sah sich Firmenchef Derek Hurlock
unter den Karosserieschneidern um und entschied sich schließlich für den italienischen Designer Pietro Frua, der den neuen
›GT‹ entwickeln sollte.
In Thames Ditton verlängerte man den Radstand der ›Cobra‹ um
15 Zentimeter und baute statt des giftigen, getunten 7-Liter-
›Ford‹ den kultivierten ›Galaxie‹-Achtzylinder desselben US-Her-
stellers ein. Als Konzession an den komfortablen, nobleren Charakter wurde das Modell wahlweise mit der ›Ford C6‹-Dreistu-
fenautomatik oder einem Viergangschaltgetriebe angeboten. Das
neue Auto erhielt den Namen ›AC 428‹ und war, obwohl erheblich
größer als sein Vorgänger, immer noch ein echter Zweisitzer,
wobei die Entscheidung von ›A.C.‹, das reine Zweisitzerkonzept
beizubehalten, wohl auch mit der negativen Erfahrung beim 2+2-
Coupé ›AC Greyhound‹ zu tun hatte, das die Hurlocks zwischen
1959 und 1963 gebaut hatten. Vom ›AC Cobra Mark III‹ übernahm man das Chassis mit Scheibenbremsen an allen Rädern
sowie die unabhängige Einzelradaufhängung mit Spiralfeder-
stoßdämpfern. Auch für die Optik wurde etwas getan: Große, zen-
tral befestigte Speichenräder lösten die Leichtmetallfelgen ab.
Andererseits bot man trotz des stattlichen Gesamtgewichts eine
Servolenkung nicht einmal als Extra an.

Der erste Prototyp, ein Cabrio, wurde 1965 auf dem Salon in London enthüllt. Doch es brauchte noch mehr als ein Jahr Entwicklungsarbeit, bevor der Verkauf des serienreifen Modells beginnen konnte. Bis dahin stellte ›A.C.‹ dem Cabrio ein flaches, rundum großzügig verglastes Fastback-Coupé im gleichen Frua-Design an die Seite. In der Erscheinung erinnerte der ›428‹ stark an den ›Mistral‹ von ›Maserati‹ – was nicht von ungefähr kam: Zur selben Zeit entwickelte Pietro Frua auch für die italienische Edelmarke Karosserien.

Der ›428‹ geriet größer, breiter und schwerer als alle seine Vorgänger – und kostete natürlich auch einiges mehr. Ursächlich beruhte der hohe Preis auf den extremen Transportkosten, die bei der umständlichen Fertigungsprozedur anfielen. So musste erst einmal die gesamte Motor-Getriebe-Einheit von ›Ford‹ aus Detroit importiert werden. Nach dem Zusammenbau mit dem Chassis bei ›A.C.‹ in England verschiffte man das Ganze nach Italien, wo ›Frua‹ die Karosserie darüberstülpte und die Endmontage vornahm. Schließlich verschickte man die fertigen Autos wieder per Schiff zurück nach Großbritannien – für Abschlusstests und die Endinspektion. Böse Zungen lästerten denn auch, dass die Kilometergarantie bereits abgelaufen sei, wenn das Auto beim Käufer ankomme. Doch trotz – besser: wegen – des immensen Aufwands blieben die Verkaufszahlen weit hinter den Erwartungen zurück. Denn wer wollte schon ein italienisch gestyltes und amerikanisch motorisiertes Auto einer kleinen britischen Firma kaufen, wenn er für das gleiche Geld ein echtes italienisches Vollblut mit Hochleistungsmotor und einem berühmten Namen bekommen konnte? Immerhin verlangte ein Händler in der Schweiz 48.000 Franken für das Cabriolet. Folgerichtig lief 1973 die Produktion in Surrey nach gerade einmal 58 Coupés und 28 Cabrios aus.

Noch zwischen 1969 und 1971 hatte man mit einem viersitzigen Tourenwagen in Monocoque-Bauweise experimentiert. Zu spät.

Die schon spürbare, weil sich anbahnende Ölkrise, das Dauer-problem der Streiks in Italien und die Tatsache, dass ›A.C.‹ wegen der Steuergesetzgebung der Labour-Regierung nicht in der Lage war, im eigenen Land die Preise automobiler Konkurrenten wie ›Aston Martin‹ zu unterbieten, führten schließlich zum Ende des ›428‹. Dabei zeigte sich die Presse sehr angetan und lobte sowohl die Eleganz als auch das technische Konzept des ›AC 428‹. Er punktete mit Schnelligkeit, einem tollen Fahrwerk, das auch in extremen Kurven die Spur hielt, und bequemen Sitzen. Lediglich auf abrupte Gasbefehle reagierte die »Rasende Adrenalinpumpe« eher unwirsch.

Nur wenige dieser Wagen überlebten die Wirren der Zeit – und erzielen inzwischen astronomische Sammlerpreise.

Einsatz auch im Dienste Ihrer Majestät: Aston Martin

Die kleine Autofabrik von ›Aston Martin‹ steckte nach dem Zweiten Weltkrieg in argen finanziellen Schwierigkeiten. Unbestritten hatte das Unternehmen bis dahin Automobilgeschichte geschrie-ben, seit im Jahre 1914 einer der Firmengründer, Lionel Martin, seinen Namen mit dem Bergrennen von Aston Clinton verknüpfte. Ein Jahr zuvor hatte er sich gemeinsam mit Richard Bamford, dem Mitinhaber seiner Londoner ›Singer‹-Vertretung, ein altes ›Isotta Fraschini‹-Chassis besorgt, um es mit einem 1,4-Liter-Vier-zylinder von ›Coventry-Simplex‹ zu bestücken und Rennen zu fah-ren. An eine eigene Automobilfabrik dachte noch niemand.

Auf Rosen war die Autoschmiede in der Grafschaft Middlesex nie gebettet. Im Gegenteil: Es dauerte sieben Jahre, ehe 1921 ein erster Wagen das Werk verließ – der aber sogleich einen Klassensieg in Brooklands einfuhr. Die Dreißiger brachten dann wechselvolle Zeiten, denn viele Besitzerwechsel waren zu verzeichnen, jedoch kein einziges wirklich neues Modell zu bewundern.

Es half der sprichwörtliche Zufall. Bei seiner täglichen Zeitungslektüre entdeckte der britische Industrielle David Brown im Herbst 1946 zufällig eine Anzeige in der *Times*. Zwischen antiquarischen Raritäten und makabren Souvenirs aus dem Zweiten Weltkrieg wurde gleich eine komplette – dazu eine durchaus renommierte – Sportwagenfabrik feilgeboten. Brown zweifelte, fand aber heraus, dass die Traditionsfirma diesen ungewöhnlichen Weg beschritten hatte, um ihre finanzielle Misere in den Griff zu bekommen. Für 20.000 Pfund Sterling erstand Brown den Betrieb in Feltham, kurze Zeit darauf zudem die Nobelmarke ›Lagonda‹ für noch einmal 52.500 Pfund, allerdings ohne deren Werkstätten in Staines. Im Kaufpreis inbegriffen eine Crew passionierter Autobauer. Zu den Motorenspezialisten Claude Hill und Walter Owen Bentley sowie Chassiskonstrukteur Gordon Sutherland von ›Aston Martin‹ gesellte sich ›Lagondas‹ Karosseriedesigner Frank Feeley …

Aston Martin DB1 / DB2

Im Jahre 1947 begann der Neustart unter der Codebezeichnung ›Atom‹. Hills Modell mit verstärktem Kastenrahmenchassis, unabhängiger Einzelradaufhängung vorn und Pendelachse hinten sowie einem 2-Liter-Vierzylinder mit obenliegenden Ventilen schien Browns Ansprüchen zu genügen. War ›Aston Martin‹ noch vor nicht allzu langer Zeit nicht in der Lage gewesen, eine Serienproduktion aufzuziehen, bescherte die Brownsche Übernahme ausreichend neues Kapital – der ›Atom‹ konnte als ›DB1‹ im Jahre 1948 auf den Markt rollen. Sich seines Anteils daran durchaus bewusst, fügte David Brown dem Traditionsnamen seine Initialen an; die Werksnummer ›1‹ kam später hinzu.

Da der ›DB1‹ von vornherein nur als Zwischenlösung gedacht war, arbeitete man bereits an einem Nachfolger, einem völlig neuen ›Lagonda‹ mit einem Doppelnockenwellenmotor, der auch

Aston Martin DB1

bei den zukünftigen ›Aston Martins‹ eingesetzt werden sollte. Obwohl technisch hervorragend, war das ›DB1‹-Chassis nur auf geringe Stückzahlen ausgerichtet, und so erreichte das Drophead-Coupé zwischen September 1948 und Mai 1950 nur die bescheidene Stückzahl von vierzehn Exemplaren. Zwar schaffte seine 2-Liter-Maschine respektable 90 PS, aber diese Kraft reichte gerade, um das schwere, viersitzige Cabrio überhaupt in Bewegung zu setzen. Allerdings existierte daneben ein leichter und erfolgreicher, weil spartanisch ausgerüsteter ›DB1‹. In der Rennversion gewann er 1948 mit »Jock« Horsefall und Leslie Johnson am

35

Aston Martin DB2

Steuer die ›24 Stunden von Spa‹. Die Cabrio-Karosserie hatte übrigens Ex-›Lagonda‹-Designer Frank Feeley entworfen, der für brillante Kreationen wie den ›V12‹-›Lagonda‹ aus den dreißiger Jahren verantwortlich zeichnete.

Der ›DB1‹ begründete die charakteristische ›Aston Martin‹-Linie, die dann vom berühmteren ›DB2‹ fortgesetzt wurde. Jene Serie hatte gestreckte, elegant auslaufende und fließende Linien. Nebenbei bemerkt: Da die Engländer kaum Werkzeug und auch nur wenige Ersatzteile herstellten, ist es heutzutage ein äußerst teures Vergnügen, diese britische Rarität zu fahren. Das ist der Preis dafür, eine mobile Legende zu steuern.

Aus dem ›DB1‹ entwickelten ›Aston Martins‹ Ingenieure für die Rennsaison 1949 drei Prototypen mit stromlinienförmigen, zweisitzigen Coupé-Karosserien und verkürztem Radstand. Zwei von ihnen, mit den Kennzeichen ›UMC 64‹ und ›UMC 65‹ für den Verkehr auf öffentlichen Straßen zugelassen, wurden mit Geschöpfen des Triebwerkingenieurs Claude Hill, Stoßstangenmaschinen mit vier Zylindern und 1970 cm^3 Hubraum bestückt. Im dritten Modell, dem ›UMC 66‹, ragte W.O. Bentleys ›Lagonda‹-Sechszylinder mit 2580 cm^3 Hubraum und hochglanzpoliertem Deckel über zwei obenliegenden Nockenwellen (DOHC) wie ein monumentales Standbild auf. Für das ›24-Stunden-Rennen von Le Mans‹ 1949 mit den Piloten Leslie Johnson und Charles Brackenbury gemeldet, fiel der ›UMC 66‹ allerdings bereits nach einer knappen Viertelstunde aus, weil sich sein Triebwerk ungebührlich erhitzte.

Das hielt Firmeneigner David Brown jedoch nicht davon ab, das ›Bentley‹-Kraftwerk mit seinen 105 PS zur Standardausrüstung des ›DB2‹ zu küren. Im Mai 1950 ging er in Serie und rollte vom Band.

Als ›Opus 2‹ wurden bis zum April 1953 exakt 410 Einheiten in den Karosserieversionen ›Saloon‹ und ›Drophead Coupé‹ auf die schicken Speichenräder gestellt; ›Aston Martin‹ hatte sich endgültig auf dem Sportwagenmarkt der Nachkriegszeit etabliert.

Aston Martin DB1 / DB2
Baujahre: 1948 – 1956; *Motor:* Vierzylinder-OHV-Reihenmotor *bzw.* Sechszylinder-DOHC-Reihenmotor; *Hubraum:* 1970 bzw. 2580, 2922 cm^3; *Leistung:* 90 *bzw.* 105, 125, 140 PS; *Fahrwerk vorn:* Einzelradaufhängung, Zuglenker, Schraubenfedern, Stabilisatoren *bzw.* Einzelradaufhängung, Zuglenker, Schraubenfedern; *Fahrwerk hinten:* Starrachse, Panhardstab, Schraubenfedern *bzw.* Pendelachse, Panhardstab, Schraubenfedern; *Gewicht:* 1030 – 1200 kg; *Speed 0 – 100 km/h:* 12 – 13 s; *Vmax:* 135 – 193 km/h

Aston Martin DB4

Frank Feeleys pontonförmige, strömungsgünstige Leichtmetall-
karosserien mit ihren eher filigran wirkenden, dazu außerordent-
lich verwindungsarmen Vierkantrohren erinnerten dabei durchaus an mediterrane Artgenossen. Weitaus besser, als man das ge-
meinhin von englischen Sportwagen gewohnt war, bügelte das
Fahrwerk straßenbedingte Unebenheiten aus. Dagegen ließ sich,
gewöhnungsbedürftig und umständlich, der Kofferraum nur von
innen beladen.

Im Oktober 1953 folgte der ›DB2/4 MK I‹, mit 125 PS ein sportlich
ambitionierter »Herrenfahrer« für Gentlemen. In Birmingham
bei ›Mulliner‹ gefertigt, wies er lediglich einige Veränderungen
in Details auf. Eine mit dem Heckfenster identische große Klappe
eröffnete nun den Zugang zum Gepäckabteil von außen, und zwei
Notsitze gewährten hinten kurzzeitig Asyl, wobei die Rücklehne
erstmals in einem Automobil umklappbar war. Britisch versnobt
hingegen erschien die gepolsterte Abdeckung zwischen dem vorderen Gestühl; sie verbarg das Bordwerkzeug.

Der ›DB2/4 MK I‹ gehörte zu den wirtschaftlich erfolgreichen ›Aston Martins‹, fand er doch innerhalb der nächsten zwei Jahre immerhin 564 Käufer.

Aston Martin DB4

Im Jahre 1955 nahm ›Aston Martin‹ die Entwicklung eines Nachfolgemodells für den ›DB MK III‹ in Angriff. Fünf Jahre bereits behauptete der ›DB2‹ in allen Varianten erfolgreich seinen Anteil am Sportwagenmarkt, doch David Brown strebte nach einem Logenplatz, wollte seine ›Aston Martins‹ neben den Cabrios und Coupés der ganz Großen, etwa ›Ferrari‹, stehen sehen. Das Trio aus General Manager John Wyer – in den Sechzigern berühmt für die Geburt des ›Ford GT 40‹ –, Chassisdesigner Harold Beach und Motorkonstrukteur Tadek Marek, einem 1941 über Casablanca nach England geflüchteten Polen, besetzte die Schlüsselpositionen und trieb die Entwicklung des neuen Modells voran. Alle wichtigen Komponenten sollten sich als konsequente Neukonstruktion vom Vorläufer ›MK III‹ abheben und in die Zukunft weisen. ›Aston‹-Boss Wyer konzentrierte den größtmöglichen Teil der Produktion und der Montage des neuen Modells in einem modernisierten Werk in Newport Pagnell. Da sich Frank Feeley, der langjährige Stylist, unerwartet weigerte, nach Buckinghamshire zu gehen, wo man das Gelände des Karossiers ›Tickford‹ übernommen hatte, musste sich ›Aston Martin‹ allerdings nach einem neuen Designer umsehen.

Aston Martin DB4
Baujahre: 1958 – 1963; *Motor:* Sechszylinder-DOHC-Reihenmotor;
Hubraum: 3670 cm³; *Leistung:* 240, 266, 302, 314 PS; *Fahrwerk vorn:*
Einzelradaufhängung, Zuglenker, Schraubenfedern, Stabilisatoren;
Fahrwerk hinten: Starrachse, Watt-Gelenk, Schraubenfedern;
Gewicht: 1296 kg; *Speed 0 – 100 km/h:* 6,5 – 9 s; *Vmax:* 227 – 245 km/h

Das Chassis des ›DB4‹ gestaltete sich einfacher und robuster als die Konstruktion des Vorgängers. Trotz des um 2,5 Zentimeter verkürzten Radstands erlaubte die breitere Spur, vier vollwertige Sitze einzubauen. ›AMs‹ erste Stanzstahlbodengruppe ersetzte die alte Rahmenkonstruktion – und sollte alle ›Astons‹ in dieser (oder leicht veränderter) Form durch die gesamten sechziger und siebziger Jahre begleiten.

Während die Vorderradaufhängung ebenso wie die Lenkung aus der bestehenden Haustechnik entlehnt wurde, scheiterte Beach mit dem Vorhaben, eine eigene ›De Dion‹-Achse einzuführen. Stattdessen montierte er eine einfache Pendelachse mit ›Watt‹-Gelenk. Unter der Haube arbeitete ein großer, robuster, vom ›Jaguar XK‹ inspirierter Sechszylinder. In der Originalversion

Aston Martin DB4

schöpfte er aus dem Hubraum von 3,7 Litern satte 240 PS, in den Nachfolgemodellen noch bedeutend mehr. So leistete der mit fünf Hinterachsübersetzungen und drei ›Weber‹-Doppelvergasern gelieferte ›GT‹ 302 PS. Damit überforderte das Triebwerk das vom ›DB2‹ stammende Getriebe vollkommen – und es musste ein komplett neues Viergangschaltgetriebe her. Ein solches Getriebe wurde in einige der letzten Serienmodelle nicht mehr eingebaut, denn die rüsteten die Briten bereits mit Automatik aus. Erwähnenswert auch die Scheibenbremsen von ›Dunlop‹: Sie brachten den nahezu 1360 Kilogramm schweren Wagen auch nach einem Top-Speed von 225 km/h sicher zum Stehen.

Design und Karosseriekonstruktion importierte ›Aston Martin‹ aus Italien. ›Touring‹, die bekannte Mailänder Karosserieschneiderwerkstatt und bereits Lieferant einer Reihe von Sonderausführungen für die Briten, wurde angeheuert – und schlug die Tifosi mit einer superleichten, eleganten Leichtmetallkarosserie. Sie bestand aus einem Gitterrohrrahmen von dünnen Stahlrohren und einer Außenhaut aus Aluminium.

Übernahm man anfangs für den ›DB4‹ den Frontgrill des ›Mark III‹, wurde er in den fünf Folgejahren ständig modifiziert. Insgesamt gereichten die kleinen Änderungen dem Image der Marke zum Vorteil. So schwärmte 1958 der Berichterstatter des *Star* nach dem Besuch der Londoner Motor Show: »Wenn in Ihren Adern kein Lebertran fließt, müssen Sie diesem Auto verfallen.« Genügten für die dritte Serie ab April 1961 kleine kosmetische Korrekturen, so erhielt die ›Serie IV‹ im September desselben Jahres einen völlig neu gestalteten Grill. Nicht nur das: Ab dem Herbst des Jahres 1962 wiesen die ›DB4‹ einen größeren Kofferraum und eine höhere Dachlinie auf, während die ›Vantage‹-Modelle mit zurückgesetzten Scheinwerfern unter den Plexiglashauben aufgewertet wurden. Schließlich: Schon 1961 hatte die Familie Nachwuchs in Gestalt des viersitzigen Convertible ›DB4C‹ begrüßt.

Parallel mit den äußeren Veränderungen vollzogen sich technische Weiterentwicklungen. So folgten ab der ›Serie II‹ wahlweise ein Overdrive-Getriebe und mit der ›Serie V‹ eine auf 266 PS getrimmte ›Vantage‹-Motorisierung mit dem Kürzel ›SS‹ für ›Special Series‹, und auch verschiedene Hinterachsübersetzungen standen zur Auswahl.

Mit dem ›DB4‹ begann ›Aston Martins‹ Einzug in die Moderne des Automobilbaus. Kein anderes bis dato gefertigtes Auto der britischen Sportwagenschmiede war so populär und so leicht zu handhaben. Ein braver Kraftprotz, der auf schnellen, kurvenreichen Strecken pure Freude verbreitete. Ohne zu überdrehen – 6000 U/m waren möglich –, reizte der englische Testfahrer Roy Salvadori im dritten Gang 173, im vierten gar 225 km/h aus. Gutmütig verweigerte sich der ›DB4‹ jeglicher Quertreiberei und kam auch auf nasser Fahrbahn nicht vom Kurs ab. Die Sitze wurden puritanisch korrekt von einem Buckel getrennt, der Getriebe und Kupplung aufnahm, und im Stil der Zeit waren Leder und Cockpit in mattem Schwarz gehalten.

Zwischen Januar 1959 und Oktober 1963 verließen einschließlich 75 ›DB4 GT‹ und 25 ›Zagatos‹ 1113 Fahrzeuge in fünf Serien die Werkhallen – ein Rekord für die Firma.

Wie der Serien-›DB4‹ zwar nicht für den Rennsport geplant, scheute der ›GT‹ aber nicht den Wettkampf, und so verbuchte er mit Klassefahrern wie Stirling Moss und Innes Ireland bis zum Erscheinen des ›Ferrari GTO‹ – für ›Gran Turismo Omologato‹ – im Jahre 1962 einige sportliche Erfolge. Jedoch wollten 20 zusätzliche Stundenkilometer plus einiger Rennsporttugenden teuer erkauft sein. Kostete ein normaler ›DB4‹ 3.976 Pfund Sterling, verlangte ›Aston Martin‹ für den ›Zagato‹ 5.470 Pfund. Dazwischen lag der ›GT‹ mit einem Kaufpreis von 4.269 Pfund Sterling.

Aston Martin DB5 / DB5 Volante

Innerhalb von fünf Jahren hatte sich der ›DB4‹ durch zahlreiche Häutungen so weit von seinen Ursprüngen entfernt, dass es Zeit wurde, dem Kind einen neuen Namen zu geben. Und den bekam es im Herbst 1963: ›DB5‹. Äußerlich glich der Neue den ›Serie V‹-Versionen des ›DB4‹ mit seinen in die Kotflügel integrierten, zurückversetzten Scheinwerfern beinahe aufs Haar. Doch bei

43

Aston Martin DB5 Volante

dem Sondermodell mit der Chassisnummer ›007‹ entfachte der 4-Liter-Reihensechszylinder des ›Lagonda Rapide‹ mit beachtlichen 282 PS, die dank eines wuchtigen Drehmoments frühzeitig abgerufen werden konnten, nicht nur ein Feuerwerk auf dem Asphalt. Im Kampf gegen die Feinde der Queen und zur Wahrung des freien Marktes für heiße Frauen und coole Drinks sorgten zwei Maschinengewehre im Bug in brenzligen Situationen rabiat für freie Bahn, während gegnerische Geschosse von einem im Heck ausfahrbaren Stahlschild abperlten. Mit dem legendären Auftritt in *Goldfinger* als speziell ausgerüsteter Begleiter des Agenten Seiner Majestät James Bond wurde der ›DB5‹ unsterblich und trotz seiner kurzen Bauzeit von nur zwei Jahren mit knapp über tausend verkauften Exemplaren eines der berühmtesten Autos der Geschichte – und ein Kassenschlager dazu.

Vom ›DB4‹ übernahm der Nachfolger das solide Stanzstahlchassis. Wie der Vorgänger besaß der ›DB5‹ eine von ›Touring‹ entwickelte Superleggera-Karosserie. Dem Piloten standen nicht weniger als vier Schaltungen zur Auswahl: Neben dem Viergang-›Brown‹-Getriebe (mit oder ohne elektrischem Overdrive) sowie der Dreigang-›Borg Warner‹-Automatik gab es jetzt noch das vollsynchronisierte Fünfganggetriebe von der ›Zahnradfabrik Friedrichshafen‹ (›ZF‹) – mit dem fünften Gang als Schnellgetriebe.

Für notorisch Untermotorisierte folgte dann im Herbst 1964 wie gewohnt eine kräftigere ›Vantage‹-Maschine, deren ›Weber‹-Doppelfallstrom-Vergasertrio 325 PS ablieferte, wodurch dieser ›Aston Martin‹ als »Big Six« für den Rest seines Motorlebens als der beliebteste galt.

Von August bis November 1965 lieferte ›Aston Martin‹ außerdem drei Dutzend Chassis mit verkürztem Radstand und Convertible-Version als »Volante« (italienisch für »fliegend«) aus. Anstelle durchgehender Stoßstangen fand sich unter dem Nummernschild eine zusätzliche Öffnung für den Ölkühler. Nach nur 37 Exemplaren lief die Produktion aus – der Nachfolger ›DB6‹ stand bereits am Start.

Mit 1500 Kilogramm wog der ›5er‹ stattliche 180 Kilogramm mehr als der ›DB4‹ – ein beachtliches Kampfgewicht für immerhin 225 km/h Spitzengeschwindigkeit. Als Sportwagenvollblut, handgearbeitet und in bester britischer Tradition, gab sich der ›DB5‹ spröde und rau. Keine Klimaanlage, keine Servolenkung.

Aston Martin DB5 / DB5 Volante
Baujahre: 1963 – 1965; *Motor:* Sechszylinder-DOHC-Reihenmotor; *Hubraum:* 3995 cm³; *Leistung:* 282, 325 PS; *Fahrwerk vorn:* Einzelradaufhängung, Zuglenker, Schraubenfedern, Stabilisatoren; *Fahrwerk hinten:* Starrachse, Watt-Gelenk, Schraubenfedern; *Gewicht:* 1465 kg; *Speed 0 – 100 km/h:* 8,1 – 9 s; *Vmax:* 225 – 227 km/h

Um das Auto auf holprigen und kurvigen Straßen im Griff zu halten, verlangte es kräftige Arme und pausenlose Beinarbeit. Ex-Rennfahrer Innes Ireland hielten diese Eigenschaften nicht davon ab, gebrauchte ›DB5‹ als Familienautos zu bewerben, nur eben als etwas schnellere.

KLASSISCHE SPORTWAGENLINIEN:
AUSTIN-HEALEY

Donald Mitchell Healey galt in Good Old England zu Recht als Überflieger. Im Ersten Weltkrieg umkurvte der 1898 in Cornwall geborene Flugzeugkonstrukteur als Pilot der ›Royal Air Force‹ seine Feinde, bis ihnen schwindlig wurde, ein Jahrzehnt später vollführte er ähnliche Kunststücke mit seinem ›Invicta‹ auf den Inselrallyes, und 1931 gewann er die berühmt-berüchtigte Etappentour nach Monte Carlo. »DMH« fand bei seinen Arbeitgebern nicht immer Gehör für seine avantgardistischen Pläne und gründete deshalb 1945 mit zwei Mitstreitern die ›Donald Healey Motor Company‹. Sein windschlüpfriger ›Westland‹-Roadster und das

›Elliott‹-Coupé räumten auf Anhieb die Pokale zahlreicher Rennen ab, wobei der ›Westland‹ 1948 sogar die ›Mille Miglia‹ gewann. Aber obwohl die Kooperation mit dem Autobauer ›Frazer-Nash‹ gute Kontakte zu den Amerikanern und deren Geldbörsen eröffnete und die ›Healeys‹ weiter auf den Pisten überzeugten, drohte die Konkurrenz davonzufahren …

Austin-Healey 100/4 / 100M / 100S

Die britischen ›Healeys‹ wirkten im Jahre 1952, obwohl erst sieben Jahre zuvor ins Leben gerufen, schon reichlich angestaubt. Donald Mitchell Healey, das kreative Haupt der kleinen Firma, brütete über einem neuen Sportwagenkonzept, um den Anschluss

Austin-Healey 100M

Austin-Healey 100/4 / 100M / 100S
Baujahre: 1953 – 1956; *Motor:* Vierzylinder-OHV-Reihenmotor;
Hubraum: 2660 cm³; *Leistung:* 90, 110, 132 PS; *Fahrwerk vorn:* Einzelradaufhängung, Dreieckslenker, Schraubenfedern, Stabilisatoren; *Fahrwerk
hinten:* Starrachse, Panhardstab, halbelliptische Blattfederung; *Gewicht:*
915 – 975 kg; *Speed 0 – 100 km/h:* 8 – 11 s; *Vmax:* 166 – 200 km/h

an die Konkurrenten nicht zu verlieren und die Selbstständigkeit
zu bewahren.

Aber es kam anders. Bei einem Gang über den Londoner Salon im
Oktober 1952 blieb Leonard Lord, Chef der gerade aus der Wiege
gehobenen ›British Motor Corporation‹ (›BMC‹), fasziniert vor
einem eisblauen offenen Zweisitzer stehen, dem ersten Design-
modell des ›Healey 100‹. Unter der schönen, aus dem Stift von
Gerry Coker stammenden Hülle verbarg sich ein simpler Kastenrahmen mit Kreuzverstrebung, den Ingenieur Barry Bilbie entworfen hatte, und ein zeitgemäßes Fahrwerk. Dazu kam der Vierzylinder-Reihenmotor des ›Austin A40‹ mit seinen 94 PS sowie
ein Getriebe, dessen erster Gang ungenutzt mitlief, während den
beiden oberen Fahrstufen ein Overdrive zugeschaltet werden
konnte.

Lord unterbreitete dem Kleinunternehmer ein Angebot, dem
Healey nach einigen Drinks sowie dem Versprechen, dass nichts
an der Konzeption geändert werde, nicht widerstehen konnte.
Damit schlug die wahre Geburtsstunde von ›Austin-Healey‹.
Zunächst für einige Hundert geplant, begann die Produktion in
Warwick – und sie endete mit zu Tausenden in Longbridge bei
›Austin‹ und ab 1954 in Abingdon gebauten Fahrzeugen. Es gab
eine Menge guter Gründe, warum Leonard Lord so begeistert von
diesem Auto war. Der schnörkellos-schöne zweisitzige Roadster
war gradlinig gezeichnet und basierte auf Fahrwerk und Getriebe
des leicht modellierten ›Austin A90‹.

Austin-Healey 100/4

›BMC‹ erteilte den Chassis-Karosserie-Auftrag an die Brüder Dick und Alan Jensen, die eigene Sportwagen in einer kleinen Werkstätte in West-Bromwich zusammenschraubten. Für den richtigen Antrieb sorgte der 2,7-Liter-Vierzylinder mit 90 PS aus dem ›A90‹ in Verbindung mit einer Viergangschaltung, kombiniert mit einem elektrischen ›Laycock‹-Overdrive für den zweiten und dritten Gang. Das Design stammte von Healey selbst, wurde jedoch von dem Karosseriebauer ›Tickford‹ in Buckinghamshire gründlich überarbeitet. Das Ergebnis war unverwechselbar: ein modernes Styling mit weichen, fließenden Linien, dem charakteristischen, muschelförmigen Grill und der einteiligen Stoßstange. Kurz nach Aufnahme der Montage im Frühjahr 1953 gingen bereits die ersten Wagen in den Export. Die Zuverlässigkeit und das Handling stimmten mit dem flotten Anzug perfekt überein. Das Auto zielte eindeutig auf ein dünn besetztes Marktsegment: preislich erheblich unter dem ›Jaguar XK 120‹, aber über dem neuen ›Triumph TR2‹ angesiedelt. 49

Austin-Healey 3000

Obwohl der Vierzylinder nur dreieinhalb Jahre gefertigt wurde, gab es vier Modellvarianten. Das Original wurde unter der werksinternen Bezeichnung ›BN1‹ bis Herbst 1955 produziert. Im folgenden Jahr kam der ›BN2‹ mit einem neuen Getriebe. Aufgrund des dringenden Wunschs nach mehr Leistung für die normale Kundschaft legte ›Healey‹ 1159 Autos der ›100M‹-Reihe mit 110 PS auf, erkennbar an der Zweifarbenlackierung und einem quer über die Motorhaube gespannten Riemen. Schon 1955 hatte ›Austin-Healey‹ übrigens eine veredelte Rennversion gefertigt, den auf 50 Exemplare limitierten ›100S‹ (»S« für das ›12-Stunden-Rennen von Sebring‹) mit Aluminiumkarosserie ohne Stoßstangen und einem elliptischen Kühlergrill. Der bei Harry Westlake veränderte Zylinderkopf erhöhte die Leistungsausbeute auf 132 PS.

In den USA, wo es praktisch nichts Vergleichbares gab, fanden die neuen ›Healeys‹ sehr großen Anklang. Die meisten der insgesamt 14.000 gefertigten Autos wurden denn auch in die USA verkauft und machten dort den Namen ›Austin-Healey‹ zum Inbegriff für englische Sportwagen.

Austin-Healey 3000

Obwohl beispielsweise die versierte Rennfahrerin Pat Moss, Schwester des berühmten Stirling, den großen ›Austin-Healey‹ überaus liebte, galt der ›3000er‹ als Spielwiese der harten Jungs. Vierzig Siege auf internationalen Rallyes kündeten vom Ritt auf des Todes Messerschneide. Genau genommen war der ›3000er‹ ein modernisierter ›100 Six‹ mit größerer Maschine und besseren Bremsen. Erst in den sechziger Jahren erfolgten sichtbare und vor allem gewichtige Änderungen. Aber die »Big Healey«-Formel von 1956 wurde konzeptionell nicht angetastet. Vom ersten ›100 Six‹ bis zum letzten ›3000er‹ waren die ›Healeys‹ robuste, zum Teil sogar raue Sportwagen mit einer schweren, aber zuverlässigen Maschine, zudem Autos mit der gewissen Ausstrahlung und einem gediegen-sauberen Styling.

Neun Jahre, von 1959 bis 1968, spielte der ›3000er‹ die Hauptrolle im ›BMC‹-Programm. Unter dem Motto: »Der Wechsel ist die Konstante« trat er während dieser Zeit als ›Mark II‹, ›Convertible‹ und ›Mark III‹ mit permanenten Verbesserungen an Motor, Chassis und Karosseriekonstruktion an. Aus einer aufgebohrten Maschine mit 2912 cm³ Hubraum ließ der ›3000er‹ 124 Pferde laufen. ›Girling‹-Scheibenbremsen vorn und Trommelbremsen hinten hielten sie im Zaum.

Austin-Healey 3000
Baujahre: 1959 – 1967; *Motor:* Sechszylinder-OHV-Reihenmotor;
Hubraum: 2912 cm³; *Leistung:* 124, 132, 148 PS; *Fahrwerk vorn:*
Einzelradaufhängung, Dreieckslenker, Schraubenfedern, Stabilisatoren;
Fahrwerk hinten: Starrachse, Panhardstab, halbelliptische Blattfederung;
Gewicht: 1077 – 1160 kg; *Speed 0 – 100 km/h:* 9,8 – 11,3 s; *Vmax:*
183 – 195 km/h

Austin-Healey 3000

Wie schon zuvor koexistierten zwei Roadster: der reine Zweisitzer ›BN7‹ und der 2+2-Sitzer ›BT7‹. Zwei Jahre später stellte ›BMC‹ den ›Mark III‹ mit drei ›SU-Vergasern‹ und 132 PS vor, doch da ein Leistungsgewinn kaum zu verzeichnen war, verschwand diese Version bereits nach einem Jahr wieder. Noch während der Bauzeit des ›Mark II‹ wurde ein neues Getriebe mit direkt wirkendem Schaltmechanismus eingesetzt. Schließlich, im Sommer 1962, verwandelte sich der ›Mark II‹ in den ›Mark II Convertible‹, wobei die Karosserie ihr erstes und einziges Lifting bekam, ohne dass der Gesamteindruck eine Änderung erlebte. ›BMC‹ stattete diesen Wagen mit gewölbter Windschutzscheibe, Kurbelfenstern und einem problemlos zu bedienenden Faltdach aus. Zeitgleich strich die Firma den Zweisitzer aus dem Programm, sodass der ›3000er‹ fortan nur als 2+2-Sitzer verkauft wurde.

Im Frühjahr 1964 erlebte dann der große ›Healey‹ eine General-
überholung. Mehr Kraft – 164 PS – wurde jetzt aus der gleichen
Maschine gezaubert, während das Cockpit nun ein überarbeitetes
Armaturenbrett mit Holzpaneelen hatte und zwischen den Sitzen
eine Konsole auftauchte. Änderungen an Hinterachsposition und
Chassis erzielten eine höhere Fahrwerkstoleranz, was aber auch
eine leichte Hecklastigkeit und eine Tendenz zum Übersteuern
implizierte. Seine Spitzengeschwindigkeit lag bei respektablen
193 km/h, im unteren Drehzahlbereich überraschte der Motor
mit wuchtiger Beschleunigung, und in schnell gefahrenen Kurven
neigte sich der Wagen aufgrund der gut gedämpften, aber straffen
Federung kaum.

Obwohl sich der ›Mark III‹ bis Anfang 1968 unangefochten als
bestes und schnellstes Pferd im Abingdoner Stall hielt, erschien er
›BMC‹ schon Mitte der sechziger Jahre leicht angegraut. Zudem
sah man sich inzwischen mit den verschärften Sicherheits- und
Emissionsbestimmungen in den USA konfrontiert, immerhin
wichtigster Exportmarkt und die materielle Hauptsäule von ›Austin-Healey‹. Man zog die Konsequenz – Business as usual. Damit
endete die große Geschichte des ›Austin-Healey‹. Das letzte Modell wurde 1968 ausgeliefert.

VOM FLUGZEUG ZUM AUTO: BRISTOL

Mitten im großen Krieg träumte Sir Roy Fedden seinen eigenen
Traum von einem Sportwagen mit Sternmotor. Damit war er nicht
allein, doch der Geadelte wirkte nicht in irgendeiner der bekannten englischen automobilen Meisterbetriebe, sondern als Chefingenieur bei den Flugzeugwerken ›Bristol‹, und so zerschlug sich
zunächst der schöne Plan. Die Abwehrschlacht gegen das faschi-
stische Deutschland forderte andere Tugenden. Doch unverhofft
kamen Feddens Konstruktionszeichnungen wieder ans Tageslicht. 53

Bristol 401 / 404

1945, im Jahr des Kriegsendes, formierte die ›Bristol Aeroplane Company‹ eine kleine Autoabteilung, um die ausbleibenden Rüstungsaufträge auszugleichen. Die Idee: wenige Wagen in perfekter Handarbeit zu bauen und somit so selbstständig wie möglich zu bleiben. Durch gute Kontakte des Sportwagenbauers und Eigners der ›Frazer-Nash Limited‹, Harald John Aldington, gelang es, den ›BMW‹-Ingenieur Dr. Fritz Fiedler samt dessen Unterlagen für die schnell aus der Taufe gehobene Firma zu gewinnen. Kein Wunder, dass sich im Erstling mit der Nummer ›401‹ auf dem Genfer Salon (›Internationaler Auto-Salon Genf‹) von 1947 allerlei deutsche Vorkriegsware wiederfand. Stammte das Chassis im Prinzip vom ›BMW 326‹, ließ sich die Maschine auf den ›328er‹ zurückführen, während die Karosserie Anleihen beim ›327er‹ genommen hatte. So trug der 1934 erfolgte Besuch Aldingtons beim ›BMW‹-Direktor Franz Josef Popp in München späte Früchte, denn Aldington erwarb damals die Verkaufs- und Fertigungsrechte für England. Im Juli 1945 ent- und überführte der Brite, inzwischen Offizier der ›Royal Army‹, aus dem zerbombten Werk in der bayerischen Hauptstadt einen ›BMW 328‹. Zugleich fand Bruder Donald in George White, Sohn eines der ›Bristol‹-Gründer, einen aufgeschlossenen Gesprächspartner.

Nach einigem juristischen Geplänkel präsentierte ›Bristol‹ im Oktober 1948 eine elegante, von ›Touring‹ in Mailand entworfene

---

Bristol 401 / 404

Baujahre: 1948 – 1958; *Motor:* Sechszylinder-OHV-Reihenmotor; *Hubraum:* 1971 cm³; *Leistung:* 85, 100 PS *bzw.* 105, 125 PS; *Fahrwerk vorn:* Dreieckslenker, Blattfedern *bzw.* Dreiecksquerlenker, Blattfedern, Stabilisatoren; *Fahrwerk hinten:* Starrachse, Torsionsstäbe; *Gewicht:* 1040 – 1230 kg; *Speed 0 – 100 km/h:* 13 – 18 s; *Vmax:* 150 – 175 km/h

Bristol 401

und von ›Bristol‹-Ingenieur Dudley Hobbs im Windkanal nach-
geschliffene Leichtmetallkarosserie, wobei die Stärke der Super-
leggera-Außenhülle je nach Belastung variierte.

Unter der Haube verbarg der ›401‹ einen Reihensechszylinder des
legendären 2-Liter-›328‹, dessen Zylinderkopf sich durch halb-
kugelförmige Brennräume und einen komplizierten Ventiltrieb
auszeichnete. Achtzehn Stößel stanzten nicht gerade geräuschlos
80 PS aus dem Triebwerk. Damit erreichte das viersitzige Coupé
mit deutlicher Übereinstimmung zum ›BMW 327‹ akzeptable 160
km/h. Bis Mitte 1953 wurden 650 dieser stromlinienförmigen
Coupés gefertigt, zudem 24 Cabriolets vom Typ ›402‹ mit der
Handschrift von ›Pininfarina‹. Obwohl die Cabrios weit weniger 55

attraktiv anmuteten, zeigten sich in Hollywood Stars wie Jean Simmons und Stewart Granger gerne in ihnen. Warum ein komplett neues Modell bauen, wenn sich das alte noch gut am (seinerzeit überschaubaren) Markt behauptete? Dementsprechend führte sich 1953 der luxuriöse Vier- bis Sechssitzer ›Bristol 403‹ als klug durchdachte Modernisierung des ›401er‹ mit einer stärkeren Kurbelwelle und größeren Einlassventilen ein. Seine Verwandtschaft zu seinen deutschen ›BMW‹-Vorfahren konnte auch der ›403er‹ nicht leugnen. Erst ein halbes Jahr darauf, mit dem zweisitzigen Coupé ›404‹, verloren sich diese Blutsbande gänzlich. Wiederum zog man für die attraktive Formgebung den Windkanal zu Rate. Auf einem Rahmen aus Pechkiefernholz – lediglich der Türträger aus Aluminium bildete hier die Ausnahme – ruhte der in aufwendiger Handarbeit gefertigte Leichtmetallaufbau. In sanften Rundungen endete die Gürtellinie. Vorn zitierte der Kühlergrill die »Nase« der ›Brabazon‹-Flugzeuge aus eigenem Hause, hinten kleine Finnen den Rennlook des ›450er‹-Coupés. Eine Hutze auf der Motorhaube verstärkte den aggressiven Auftritt.

Zu einem Markenzeichen der ›Bristols‹ sollten sich Ausbuchtungen in den vorderen Kotflügeln entwickeln. Links saß das Reserverad, rechts ein Kasten für die Batterie, die Sicherungen und die restliche Fahrzeugelektrik. Einen externen Zugang zum Kofferabteil suchte man hingegen vergeblich. Zwar stand auch eine sanfte 107-PS-Motorvariante zur Verfügung – den Beinamen »Business Man's Express« verdiente der ›403er‹ jedoch mit dem nicht sonderlich elastischen 125-PS-›Formel 2‹-Triebwerk.

Fast gleichzeitig stellte man der Fastback-Limousine die kürzere und kompakte Coupé-Version zur Seite. Eng verwandt mit dem Rennsportmodell ›Type 450‹ sollte der ›404er‹ mit 220 km/h Spitzengeschwindigkeit die an »Jaguar & Co.« verlorenen Kunden wieder einfangen. Die patriotisch gesinnte Motorpresse zeigte

Bristol 404

sich angetan und verlieh dem ›404er‹ ob seiner luxuriösen Ausstattung das Prädikat »Fliegender Teppich«. Leider griff die anvi-
sierte Kundschaft nur sehr zögerlich zu. Der exorbitante Preis
wurde ihm zum Verhängnis, kostete doch der in etlichen Belangen
bessere ›Jaguar XK 140‹ nur die Hälfte der 3.542 Pfund und 15
Schillinge. Ein schlechtes Geschäft. Bis zum Produktionsstopp
1955 setzte ›Bristol‹ vom ›404er‹ lediglich 52 Fahrzeuge ab.

STÄHLERNE LEGENDEN: JAGUAR

Ein Jahr lang hatte William Lyons Motorradseitenwagen verkauft,
ehe er gemeinsam mit William Wensley 1922 die Karosseriefirma
›Swallow Sidecar Company‹ in Blackpool gründete, gelegen im
Süden von Coventry. Zunächst erwarben sie sich mit den in Handarbeit gefertigten torpedoförmigen Seitenwagen einen guten Ruf
und ausreichend Kapital, bevor sie 1927 mit Auftragskarosserien

Jaguar XK 120, XK 140, XK 150

in das Automobilgeschäft einstiegen. Gleich mit dem zweiten Auftrag, einem ›Austin Seven‹, lösten sie einen Run auf ihre bescheidene Werkstatt aus. John Black, Chef von ›Standard Motor‹, erkannte das Potential der Jungunternehmer und bot ihnen eine
Fusion an. Unter der Firmenbezeichnung ›Standard Swallow‹ erregte ihr neuer Roadster auf der ›British International Motor
Show‹ von 1929‹ beträchtliches Aufsehen. Mit diesem ›SS1‹ begann eine beachtliche, auch kommerzielle Erfolgsserie. Nach dem
Zweiten Weltkrieg avancierte dann der Name ›Jaguar‹ anstelle des
ungute Erinnerungen weckenden ›SS‹ zum Markenzeichen.
Gleichzeitig begann man mit der Entwicklung einer Modellkon-
zeption, die bereits während des Krieges in Lyons Team gereift
war, aufgrund der kriegsbedingten Einschränkungen aber nicht
realisiert werden konnte.

Jaguar XK 120 Roadster

Neben einem komplett neuartigen Chassis entstand eine eigene
Motorenfamilie, die der neuen ›Jaguar‹-Generation den Namen
›XK‹ gab. Er erklärt sich aus der Entwicklungsgeschichte des neu
konstruierten Motors mit zwei obenliegenden Nockenwellen und

halbkugelförmigen Brennkammern. Dabei steht ›X‹ für »Experimental« und der zweite Buchstabe für die Entwicklungsphase, also ›A‹ wie »erster Motor« und so weiter.

Durch Lieferprobleme mit der Karosserie stand ›Jaguar‹ mitten in der Anlaufphase »nackt« da, das heißt, es gab nur Motor und Chassis. Doch im Herbst 1948 präsentierte Lyons seinen neuen Zweisitzersportwagen, und am 21. Juli 1949 verließ der erste für einen Kunden bestimmte ›XK 120‹ die Fabrik. Seine Erscheinung glich einer Sensation: stromlinienförmig, schnittig, schlank und bildschön, mit einer Außenhaut aus Aluminium auf einem Holzskelett wie alle 240 Exemplare dieser Nullserie. Schon aber war die Produktion einer modernen Stahlkarosserie durch die ›Pressed Steel Co.‹ angelaufen, um die archaische Konstruktion zu ersetzen. Motorhaube, Kofferraumdeckel und Türen bestanden aber weiterhin aus Leichtmetall.

Mit seinen 160 PS bei 5000 U/m erreichte der ›XK 120‹ eine beachtliche Höchstgeschwindigkeit von 120 mph, umgerechnet 193 km/h. Die enorme Geschwindigkeit paarte sich mit einem betörenden Motorsound. Perfekt lief der ›Jaguar‹ indes nicht; besonders die Kühlung bereitete an heißen Tagen Sorgen.

Die Ausstattung war üppig und reichhaltig. Man thronte auf zweifarbig abgesetzten, breiten und weichen Ledersitzen, und jenseits des Vierspeichenlenkrads informierten großzügig dimensionierte Instrumente über die Verfassung des Sechszylinders unter der langen Fronthaube.

Jaguar XK 120 Roadster
Baujahre: 1948 – 1954; *Motor:* Sechszylinder-DOHC-Reihenmotor; *Hubraum:* 3442 cm³; *Leistung:* 160 PS; *Fahrwerk vorn:* Einzelradaufhängung, Doppeldreieckslenker, Torsionsstäbe, Blattfedern; *Fahrwerk hinten:* Starrachse, halbelliptische Blattfederung; *Gewicht:* 1170 – 1225 kg; *Speed 0 – 100 km/h:* 9,9 – 11 s; *Vmax:* 194 – 200 km/h

Der ›XK 120 Super Sports‹, so die offizielle Bezeichnung, untersteuerte milde und ließ sich im Grenzbereich gerne zum Tanz mit dem Heck herausfordern. Hingegen hatten die Bremsen Mühe, das bis zu 1225 Kilogramm schwere, elegante Raubtier zu bändigen, dessen Antriebsräder sich unter der Abdeckung ungebührlich erhitzten.

Der Familiennachwuchs ließ nicht lange auf sich warten und stellte sich im März 1951 in Gestalt eines Coupés mit festem Dach ein. Im April 1953 folgte dann das luxuriöse, aber sehr enge Drophead-Coupé, dessen schickes Faltverdeck die Dachlinie des ›MK VII‹ nachzeichnete.

Frühzeitig bot ›Jaguar‹ Versionen mit dem »Special Equipment« an – mit stärkeren Motoren und härterer Federung. In der Folge gewann der ›XK 120‹ Rennsportklassiker wie ›Silverstone‹ und

Jaguar E-Type

die ›Alpenrallye‹. Doch für William Lyons zählte allein ›Le Mans‹, jener Wettbewerb, der die Spreu vom Weizen trennt. 1950 endete der Einsatz noch glück- und glanzlos, doch im Jahr darauf war man besser vorbereitet. Zwar fielen zwei ›XK 120‹ wegen gebrochener Ölleitungen aus, aber der Dritte im Bunde, unter Peter Whitehead und Peter Walker, siegte in neuer Rekordzeit. Es war der erste von den fünf ›Le Mans‹-Siegen der Marke; die vier weiteren konnten 1953 und von 1955 bis 1957 gefeiert werden.

Jaguar E-Type

Auf dem Genfer Autosalon im März 1961 zog der ›E-Type‹ auf Anhieb das männliche wie weibliche Publikum gleichermaßen in seinen Bann. Unverhohlen präsentierte sein Spiel mit der Ellipse Potenz; die Katze zeigte nicht nur Krallen, ja, sie besaß eindeutig Sex-Appeal. Damit die staunenden Journalisten auch gleich erfuhren, was die zukünftigen Käufer mit dieser Katze erwartete, brachte ›Jaguar‹ neben dem Showstück noch ein zweites Exemplar mit an den Genfer See – als Testwagen für eine rasche Runde um das Gelände.

Flach, mit schwungvoller, doch weicher Linie griffen der Aerodynamiker Malcolm Sayer und sein Chef Sir William Lyons Motive des ›D-Type‹-Rennsportwagens auf und verschmähten jegliche Anlehnung an den Zeitgeschmack. Selbst pragmatische technische Erwägungen hatten sich dem Willen unterzuordnen, etwas Außergewöhnliches und Einmaliges zu schaffen. Zugleich verband der ›E-Type‹ das unverwechselbare Design mit der technischen Raffinesse des ›Le Mans‹-Siegers.

Wie das erfolgreiche Rennfahrzeug bestand der ›E-Type‹ aus zwei Hälften: der knapp geschnittenen Fahrgastzelle und dem knackigen Heck einerseits sowie dem fast gleich langen Motorentrakt andererseits. Da sich dessen Ende oft dem Blick des Piloten entzog, verrieten kostenträchtige Beulen den Neuling am Volant, 61

einem schönen Dreispeichenlenkrad von ›Timber Bending & Co.‹ in Coventry. Acht Bolzen verbanden das vordere und das hintere Modul miteinander. An der Nahtstelle ging die selbsttragende Schalenkarosserie in eine aufwendige Gitterrohrrahmenkonstruktion über. William Heynes entwickelte aus den bewährten ›MK‹- und ›XK‹-Baureihen die vordere, konservative Einzelradaufhängung, während man mit der unabhängigen Führung der Antriebsräder an Halbwellen, unteren rohrförmigen Querlenkern, Längslenkern und doppelten Schraubenfedern einen Schritt in die Zukunft setzte. Hingegen hielten die ›Dunlop‹-Scheibenbremsen den ›E-Type‹ nicht im Zaum. So stellte der belgische Fachjournalist Paul Frère ein ›E‹-Coupé nach neun scharf gefahrenen Rennrunden auf dem Kurs von Modena frustriert an die Box. Kurze Zeit darauf, als die Bremsflüssigkeit in ihren Leitungen siedete, fiel gar das mittlere Pedal ab.

Beste ›Jaguar‹-Tradition versprach indes der 3,8-Liter-Reihensechszylinder in der ›S‹-Version mit drei Vergasern des ›XK 150‹. Ob der DOHC-Motor wirklich über die versprochenen 265 Prospekt-PS gebot, bleibt ungeklärt, aber allen voran die Nordamerikaner gierten nach Leistung, und unbestritten rannte die Katze aus England 240 km/h. Antiquarisch hingegen präsentierte sich das nicht voll synchronisierte Vierganggetriebe, dessen obere drei Fahrstufen bei höheren Drehzahlen von Zeit zu Zeit bockten.

Jaguar E-Type
Baujahre: 1961 – 1971; *Motor:* Sechszylinder-DOHC-Reihenmotor; *Hubraum:* 3781, 4235 cm³; *Leistung:* 265, 269 PS; *Fahrwerk vorn:* Einzelradaufhängung, Doppeldreieckslenker, Torsionsstäbe, Stabilisatoren; *Fahrwerk hinten:* Einzelradaufhängung, Dreieckslenker, Spiralfedern, Stabilisatoren; *Gewicht:* 1118 – 1375 kg; *Speed 0 – 100 km/h:* 7,1 – 8,3 s; *Vmax:* 240 km/h

Jaguar E-Type

Erst mit der 1964 erfolgten Einführung des aufgestockten 4,2-Liter-Triebwerks, dessen größere Bohrung ein höheres Drehmoment lieferte, und einer vollsynchronisierten Schaltbox besserten sich auch die Manieren der Raubkatze. Dafür entschädigte sie mit einer mosaischen Lebenserwartung. Allgemein gelobt wurde die leichtgängige, sehr direkt übersetzte Lenkung des ›E-Type‹.

Die links angeschlagene große Hecktür eröffnete einen bequemen Zugang zum geräumigen Kofferabteil des Coupés. Naturgemäß fiel der Gepäckraum des Roadsters etwas beengter aus. Ein Wermutstropfen in der fein abgestimmten Komposition: Die Sitzposition zwang hochgewachsene Insassen zu einer etwas ge-

63

krümmten Haltung auf dem Gestühl. Offensichtlich hatte der nur 1,65 Meter große ›Jaguar‹-Versuchsfahrer Norman Dewis die Konfektionsgröße des edlen englischen Sportwagens bestimmt. Auf Drängen der Amerikaner trug man deren Wunsch nach einem 2+2-Coupé dann 1966 Rechnung. Dessen verlängerter Radstand und die höhere Dachlinie trübten nicht nur die makellose Schönheit, sondern bremsten den ›E-Type‹ wegen des erhöhten Luftwiderstands und Gewichts. Im Gegenzug ermöglichten die vorgenommen Änderungen den Einzug einer Automatik von ›Borg Warner‹. Größere Lufteinlassschlitze, ›Girling‹-Bremsen sowie eine steiler gestellte Windschutzscheibe beim 2+2 waren der Tribut an die neuen Zeiten wie an die überseeischen Umwelt- und Sicherheitsapostel. Auf deren Betreiben hin kastrierte Jaguar den US-›E-Type‹ sogar auf zahnlose 171 PS. Doch sonst konnte dem aufregenden und unnachahmlichen Automobil nichts und niemand etwas anhaben. Das ist bis heute so geblieben.

KEINE DENKVERBOTE: LOTUS

War es eventuell Romantik, war es vielleicht das Resultat einer Begegnung mit einer verbotenen Frucht? Warum Anthony Colin Chapman diesen exotischen Namen wählte, blieb sein Geheimnis. Fest steht dagegen: Der bekennende Nonkonformist liebte die Herausforderung, und den Namen ›Lotus‹ sollte sich bald jeder Sportwagenfan merken. Chapman, der studierte Bau- und Luftfahrttechniker, akzeptierte keine Denkverbote. Sein erstes Auto, ein hochbordiges Trial-Auto, baute der Neunzehnjährige aus der Not heraus: Der Student brauchte für die Wochenenden dringend einen fahrbaren Untersatz. Bald lösten seine Rennsportwagen wegen ihrer originellen Lösungen Kopfschütteln aus, bewunderndes bei seinen Anhängern, zweifelndes bei den Neidern. Was würde Chapman für einen Straßensportwagen einfallen?

Lotus Elite

Lotus Elite

Vor der Präsentation des ›Elite‹ herrschte in der Motorsportszene gespannte Erwartung. Was würde dieser Sportwagen in Form und Funktion leisten? Nachdem Premierminister Harold MacMillan am 16. Oktober 1957 die 42. Motor Show im Norden der britischen Hauptstadt eröffnet hatte, fand man die Antwort auf dem Stand der Kleinstmanufaktur ›Lotus Cars‹ in einem zweisitzigen Coupé. Sein Clou bestand in einem Monocoque aus Fiberglas und Polyester. Nur wenige Metallteile verstärkten die tragende Kon-

Lotus Elite

struktion. Sie wurde aus drei Komponenten zusammengefügt: dem Boden, der physisch tragenden Struktur und der Außenhaut. Chapman versprach sich von der ungewöhnlichen Lösung enorme Gewichtseinsparungen, ohne die hohen Ansprüche an die Festigkeit aufgeben zu müssen. Peter Kirwan-Taylor und John Frayling entwarfen die Form, die Flugingenieur Frank Costin auf ihre Aerodynamik hin überprüfte. Die Fertigung verlangte einen erheblichen Aufwand, sodass Chapman an dem ›Elite‹ keinen Pence verdiente. Mehrfach musste er den Lieferanten wechseln, bis er die Karosserieteile schließlich dauerhaft von ›Bristol Aeroplane‹ bezog.

Trotz einiger Ungereimtheiten – so ließen sich beispielsweise die Fenster nicht herunterkurbeln – überzeugte das technische Konzept. Für eine exzellente Straßenlage sorgten die adaptierten Rad-

aufhängungen des ›Formel 2‹-›Lotus 12‹: Querlenker mit modifizierten ›McPherson‹-Federbeinen vorn, hinten eine Kombination aus Schubstreben, Federbeinen und mittragender Antriebs-
welle, dazu kurze, weiche Federn und harte Dämpfer – und ›Girling‹-Scheibenbremsen rundum verzögerten das Leichtgewicht
zuverlässig.

Unter der stark abfallenden Fronthaube hockte ein gezähmtes
Leichtmetall-Rennaggregat von ›Coventry Climax‹ mit 1216 cm³
Hubraum, dessen vier Zylinder in den ›Elite‹ der ›Serie I‹ (bis
1960) 75 PS, später, gespeist von zwei ›SU‹-Vergasern, 85 PS ab-
gaben. Der ›Elite‹ wog halb so viel wie der aktuelle ›Jaguar XK
150‹, war aber genauso schnell, wobei zusätzlich die hervorragenden aerodynamischen Werte den Benzinverbrauch reduzier-
ten. Darüber hinaus versuchten die Autos der ›Serie II‹ die gravie-
renden Verarbeitungsmängel auszugleichen. So ersetzte ein ›ZF‹-
Getriebe das ursprüngliche von ›BMC‹, was allerdings den Preis
kräftig versalzte.

Erst nach dem Umzug der ›Lotus Cars Limited‹ in die Delamere
Road der Kleinstadt Cheshunt nahe London (Grafschaft Hert-
fordshire) lief die Produktion des ›Elite‹ vollends an. Nach 988
Exemplaren und etlichen weiteren, die in Kit-Form zum Selbst-
bauen verschickt wurden, setzte der Umstürzler Chapman auf ein
neues, kostengünstigeres Modell mit einem eigenen Motor, um
gegen den ›Porsche 356‹, die ›Giulietta‹ von ›Alfa Romeo‹ und wie
sie alle hießen anzutreten.

Lotus Elite

Baujahre: 1957 – 1963; *Motor:* Vierzylinder-SOHC-Reihenmotor; *Hubraum:* 1216 cm³; *Leistung:* 76, 85, 104 PS; *Fahrwerk vorn:* Einzelradaufhängung, Dreieckslenker, Schraubenfedern, Stabilisatoren; *Fahrwerk
hinten:* Einzelradaufhängung, Chapman-Federbeine, Schraubenfedern;
Gewicht: 645 kg; *Speed 0 – 100 km/h:* 10 – 12 s; *Vmax:* 185 – 210 km/h

Ungeachtet seiner Macken machte der ›Elite‹ auf den Rennstrecken eine glänzende Figur. Vom Gesamtsieg in Silverstone unter Ian Walker im Mai 1958 bis zu den zwischen 1959 und 1964 verbuchten Erfolgen auf dem ›Le Mans‹-Kurs verteidigte der elegante Winzling den Rang des Klassenprimus.

IM PUB FING ALLES AN: MARCOS

Es ist unbekannt, ob Jem Marsh, seines Zeichens Ingenieur, und Frank Costin, hochbegabter Spezialist für Aerodynamik, streng religiös oder Freunde der griechischen Antike waren. Rational erklärt sich der biblische Firmenname einfacher: Jeder von ihnen steuerte eine zu den zwei Silben der Marke ›Marcos‹ bei. Vor

Marcos 1800

einem halben Jahrhundert trafen sich die beiden unterneh-
mungslustigen jungen Talente in einem Pub in Hitchen nahe London, um ihr gemeinsames Autoprojekt angemessen zu taufen.

Marcos 1800 / GT

Weniger prosaisch, sondern wahrhaft abenteuerlich und geradezu
hässlich erschien der Prototyp, den die beiden kreativen, im Arbeitsalltag überhaupt nicht zu Halbheiten neigenden Technikver-
sessenen 1960 auf die schmalen Scheibenräder stellten. Das in
mühevoller Arbeit in einer Baracke in Dolgellan, Nordwales, ent-
standene Flügeltüren-Federgewicht fiel in jeder Hinsicht aus dem
üblichen Rahmen. Costin, mit Erfahrungen im Flugzeugbau,
glaubte offensichtlich, dass das, was für den Jagdbomber ›Mos-
quito‹ recht gewesen war, bei der Konzeption eines Automobils
nur billig sein konnte.
Folgerichtig ruhte eine windschlüpfrige Fiberglaskanzel auf
einem selbsttragenden Korpus aus verleimtem Fichtensperrholz.
Das natürliche Material empfahl sich als stabil, korrosionsfrei,
wasserresistent – und um all dies unter Beweis zu stellen,
malträtierte man den Prototyp ungewöhnlich hart. Zum Dank
fuhr das Geschöpf zwischen Juni und September 1960 in neun
Rennen neun Siege ein.
Der Prototyp blieb ein Einzelstück, aber seine Holzstruktur
schien tatsächlich durch nichts zu beeindrucken zu sein, und so
fand sie sich nach einem kurzen Intermezzo mit dem ›100 GT‹ in
dem Produktionsmodell ›Marcos 1800‹ von 1964 wieder, gekrönt
von einer noch immer eigenwilligen, aber gefällig niedrigen und
breiten Fastback-Karosserie, die nun in Luton, Bedfordshire, gebaut wurde.
Ursprünglich betrug der Kaufpreis für den ›1800er‹ 2.283 Pfund
Sterling, wurde dann aber auf 1.729 Pfund gesenkt, und als Kit-
Car-Baukasten konnte man ihn für nochmals 300 Pfund günsti-

Marcos 1800 / GT
Baujahre: 1960 – 1971; *Motor:* Vierzylinder-Volvo-Reihenmotor *bzw.*
Sechszylinder-Ford-Reihenmotor; *Hubraum:* 1778 bzw. 2994 cm^3;
Leistung: 114 bzw. 140 PS; *Fahrwerk vorn:* Einzelradaufhängung,
Trapezdreiecksquerlenker, Schraubenfedern; *Fahrwerk hinten:*
Starrachse, Längslenker, Panhardstab, Schraubenfedern; *Gewicht:*
885 kg; *Speed 0 – 100 km/h:* 8,4 s; *Vmax:* 195 – 201 km/h

ger erwerben. Auch speziellen Kundenwünschen nach Antriebs-
möglichkeiten trug die 1963 von Luton nach Bradford-on-Avon
übersiedelte Firma großzügig Rechnung. Alternativ zum 1,8-
Liter-›Volvo‹-Aggregats wurden vorwiegend die ›Ford‹-Motoren
aus dem ›Cortina‹ oder dem ›Corsair‹ installiert.
Ab dem Modelljahr 1970 wurde aus Rücksicht auf die amerikanischen Bestimmungen, aber auch wegen der sich häufenden
Klagen über kaum zu reparierende Unfallschäden mit dem höl-
zernen Unterbau ein Glaubensbekenntnis aus der ›Marcos‹-Bibel
gestrichen. Zu diesem Zeitpunkt hatte Costin, der Vater der Holz-
rahmenkonstruktion, seine Geschäftsbeziehung mit ›Marcos‹
gelöst und war durch Dennis Adams, einem nicht weniger begab-
ten Designer, ersetzt worden. Allerdings lehnte der die Verwendung von Holz für die Karosserie ab, und so bekam sein Entwurf
eine reine Kunststoffhaut. Und während das Rohrrahmenchassis
die Zeitläufte unbeschadet und wenig verändert überdauerte,
zogen die Motoren in raschem Wechsel ein und aus.
Auf der ›British International Motor Show‹ im Herbst 1968 folgte
den bereits genannten Maschinen ein ›V6‹, ebenfalls von ›Ford‹,
und bei der gleichen Veranstaltung ein Jahr später ein Vierzylinder desselben Herstellers. Monate darauf konnte der ›Marcos‹ zusätzlich mit einem schweren ›Volvo‹-Reihensechszylinder bestellt
werden, der behäbige 140 PS aus 2978 cm^3 aktivierte.

Jene Sprunghaftigkeit und Unstetigkeit führte 1971 zum Kollaps der ›Marcos Cars Limited‹. Viel zu aufwendig im Detail, ohne ausreichenden Service und wohl von Beginn an unterfinanziert, versank die innovative Marke in einen Dornröschenschlaf. Aus dem sollte sie erst wieder in den achtziger Jahren erwachen …

WEGBEREITER FÜR DIE STAATEN: M.G.

Mit dem Frühling 1923 erwachte auch ein gewisser Mr. Cecil Kimber aus der winterlichen Kältestarre. Als Generalvertreter der Firma ›Morris‹ tauschte er bis dahin auf Kundenwunsch die eher langweiligen Serienkarosserien gegen seine eigenen Kreationen.

M.G. MGA 1500

Jetzt ging er auch daran, die Motoren von ›Morris‹ aufzuwerten. Während der Serienmotor des ›Morris Tourer‹ nur 75 km/h hergab, lief das getunte Modell stolze 123 km/h. Kurz entschlossen klebte Kimber ein achteckiges Logo mit den Initialen ›M.G.‹ (für ›Morris Garage‹) auf die Motorhaube – und fertig war die neue Automarke. Ob ›C‹-, ›D‹- oder ›M‹-Type, schnell wurde ›M.G.‹ zu einem Begriff im Rennsport, und die schlanke, trittbrettlose Karosserie des ›J‹-Modells leitete mit dem eckigen Kühler, den ausgeschnittenen Türen und dem aufgesetzten Ersatzrad am Heck den Sportwagentrend der dreißiger Jahre ein. Als dem umtriebigen Unternehmer aus Oxford das Geld auszugehen schien, holte Sir William Richard Morris die Marke unter das Dach seines Konzerns zurück. Nach dem Krieg setzten die Vierzylinder der ›TC‹-Roadster die sportliche Linie fort.

MGA / MGA Twin Cam

Am Anfang stand der Erfolg, denn die legendären ›T‹-Modelle der ›Morris Garage‹ verkauften sich Mitte der fünfziger Jahre immer noch spektakulär gut. Dabei traten die ob ihrer Fahrverhaltensauffälligkeiten »Tanzende Springmäuse« getauften Autos noch ganz im Stil der Dreißiger auf. Doch der ›TC‹ durfte für sich in Anspruch nehmen, der erste Nachkriegssportwagen überhaupt zu sein, und löste den Sportwagenboom in den USA aus. Dessen ungeachtet zeigte das Barometer für das Betriebsklima bei ›MG‹ Hochdruck an, hatte doch ›BMC‹-König Leonard Lord, der seine Grafschaft in Abingdon-on-Thames bislang reichlich vernachlässigte, dem sagenhaften Projekt »EX 175« den Ritterschlag erteilt. Vorangegangen war eine lange und komplizierte Geschichte, in der ein Fotograf der einflussreichen britischen Fachzeitschrift *Autosport,* der gleichzeitig begeistert Rennen fuhr, eine entscheidende Rolle spielte. Nachdem er zwei ›Le Mans‹-Rennen lang mehr mit dem Wind als den Gegnern gekämpft hatte, gab er pri-

M.G. MGA Twin Cam

vat eine stromlinienförmige Version des ›TD‹ in Auftrag, einer Fortentwicklung des ›TC‹. Die von Syd Enever geformte Karosse gefiel, wurde aber in den Schubläden des neuen ›MG‹-Eigners, der ›British Motor Corporation‹, abgelegt; statt dieser Version bevorzugte Lord den ›Austin-Healey 100‹. Zwei Sommer später – und jetzt mit Antriebstechnik aus dem ›BMC‹-Lager – stand dann dem neuen ›MG‹ nichts mehr im Wege.

Als der ›MGA 1500‹ im September 1955 leicht verspätet auf der ›Internationalen Automobil-Ausstellung‹ (›IAA‹) in Frankfurt am Main vorgestellt wurde, war die Sensation ein wenig verblasst, da drei in englischem Racing Green livrierte Vorläufer im Juni jenes Jahres bereits am ›24-Stunden-Rennen von Le Mans‹ teilgenommen hatten.

Während der Prototyp noch auf dem antiken ›TD‹-Fahrwerk zuckelte, rollte das Serienmodell auf dem Unterbau der ›ZA Magnette‹-Limousine, dem Standard für alle ›BMC‹-Modelle. Gleich-

73

falls aus dem eigenen Hausregal war die Stoßstangenmaschine des Roadsters mit 1489 cm³ und 68 beziehungsweise 72 PS aus der ›BMC B‹-Serie abgezweigt worden. Im Verbund mit dem Viergangschaltgetriebe und einer modernen ›Hypoid‹-Hinterachse katapultierte der Vierzylinder den ›MGA‹ endlich über die magische 100-Meilen-, also 160-km/h-Grenze.

Eine ganze Generation jünger wirkte der flache, breite Überbau, dessen Kastenrahmen mit Traversen bei der ›John Thompson Motor Pressing Limited‹ in Wolverhampton vorbereitet und mit dem schlanken Aufbau – Türen und Hauben waren aus Leichtmetall – von ›Morris Bodies Branch‹ in Coventry verschweißt wurde. Innen gefielen Rundinstrumente, Frischluftdüsen und vor allem verstellbare Einzelsitze.

Im Oktober 1956 stellte man dem lupenreinen Roadster eine geschlossene Version mit Kurbelfenstern und einer an den Ecken gekrümmten Windschutzscheibe zur Seite. Sein Oberteil, ein abgewandelter Bowler-Hut, stieß manchem Puristen sauer auf. Dem Absatz schadete das nicht, denn schließlich gebiert der Erfolg den Erfolg, und so löste der ›MGA 1600‹, nur an den revidierten Heckleuchten erkennbar, umgehend den Sportwagenpionier ab. Bei näherem Hinsehen fielen vorn noch die ›Girling‹-Scheibenbremsen auf. Gefällige 80 PS, jetzt aus 1,6 Litern Hubraum, rückten den ›MGA‹ näher an seinen unmittelbaren Konkurrenten ›Triumph TR3‹.

MGA / MGA Twin Cam
Baujahre: 1955 – 1960; *Motor:* Vierzylinder-OHC-Reihenmotor *bzw.* Vierzylinder-DOHC-Reihenmotor; *Hubraum:* 1489, 1588 *bzw.* 1622 cm³; *Leistung:* 72, 80, 86 *bzw.* 100, 108 PS; *Fahrwerk vorn:* Einzelradaufhängung, Doppelquerlenker, Schraubenfedern, Stabilisatoren; *Fahrwerk hinten:* Starrachse, halbelliptische Blattfederung; *Gewicht:* 900 – 972 kg; *Speed 0 – 100 km/h:* 9,5 – 16 s; *Vmax:* 157 – 180 km/h

M.G. MGA 1500

Fast 90.000 Einheiten, eine unglaubliche Zahl für die damalige Zeit, waren gebaut, als im Frühjahr 1961 ein ›Mark II‹ mit 86 PS folgte, dessen Kühlergrill fast senkrecht stand. Speichenfelgen und Scheibenbremsen gehörten inzwischen zum Standard. Wie die treue Anhängerschaft: Mehr als 100.000 Kunden konnten nicht irren.

Oder doch? In der Version des ›Twin Cam‹ erlangte ›MG‹ einen traurigen Ruf. Um PS-hungrigen Kunden ein adäquat leistungs-starkes Modell zu bieten, setzte man in Abingdon auf einen Dop-pelnockenwellen-Vierzylinder. Zu mehr reichte das Geld nicht,

nicht einmal für kosmetische Retuschen. Der Leichtmetall-Zylinderkopf war in klassischer ›Jaguar‹-Manier konstruiert, das heißt mit gegenüberliegenden Ventilen im 80-Grad-Winkel. Seine Verdichtung lag mit 9,9 zu 1 relativ hoch. Zwar modifizierte ›MG‹ für den kräftigen, jetzt 108 PS leistenden Motor die Lenkung und spendierte ›Dunlop‹-Scheibenbremsen rundum, doch der ›Twin Cam‹ streikte regelmäßig, fraß Öl und schluckte Benzin ohne Ende. Gefürchtet, wenn er lief, verflucht wegen der vielen Motorschäden, ruinierte der ›Twin Cam‹ nicht nur seinen Ruf, sondern auch seine Besitzer, denn er war immerhin ein Viertel teurer als der »normale« ›MGA‹. Trotz Notversorgung – die Verdichtung (und folglich der Ölverbrauch) konnte reduziert werden – gab es keine Rettung mehr. Nach gerade zwei Jahren und gut zweitausend Exemplaren stellte ›MG‹ den ›Twin Cam‹ vom Band.

DAUERBRENNER: MORGAN

Erst im Jahre 1912 setzte in Malvern Link, Worcestershire, ein Mann seine Unterschrift unter den Eintrag seiner Firma ins Handelsregister, dessen Leidenschaft für rasante Fahrten ihn einige Jahre zuvor fast das Leben gekostet hätte. H.S.F. Morgan, damals ein achtzehnjähriger Maschinenbaustudent, war mit einem ›Benz‹ auf abschüssiger Straße in eine Notlage geraten. Doch diese Erfahrung hielt ihn nicht von seiner Passion ab. Im Gegenteil: Angespornt durch seine Freunde, zimmerte er sich ein primitives dreirädriges Gefährt mit ›Peugeot‹-Motor zusammen und gründete 1910 die ›Morgan Motor Company‹. Der ersten Serie von Dreirädern folgten schnell weitere Aufträge. Die spartanischen ›Threewheeler‹, angetrieben von einem vorn liegenden luftgekühlten Zweizylinder-›JAP‹-Motor, bestanden nicht nur als Familien- und Transportfahrzeuge, sondern auch auf der Rennpiste.

1936, unter dem Druck der Konkurrenz, stellte Morgan seinen

ersten Vierradwagen vor. Wie spätere Modelle setzte er die Aufbauten nach dem altbewährten Kutschwagenbauprinzip auf
einen Eschenholzrahmen. Diese Treue zur Tradition sollte sich
noch auszahlen …

Morgan 4/4

Obwohl oder weil es fast ein Vierteljahrhundert gedauert hatte,
bis ›Morgan‹ mit einem vollwertigen Kraftfahrzeug in die automobile Weltgeschichte rollte, machte man nach dem Krieg da weiter, wo man 1939 aufgehört hatte. In Aussehen und Konstruktion
war der ›4/4‹ ein echtes Kind der dreißiger Jahre. Doch er blieb so
aktuell wie seine Käufer begeistert, sodass ihm die Zeit nichts anhaben konnte. Mit dem Jahrgang 1950 stieg er dann in die Upper
Class auf – und das nicht nur wegen seiner Größe, seiner Leistung und seines Preises.

Morgan 4/4 2002

Aber Mitte des Jahrzehnts kehrte er zu seinen Wurzeln zurück. Antik war schon der Name ›4/4‹, ein diskret verschlüsselter Hinweis darauf, dass es sich um einen Vierzylinder auf vier Rädern mit Familiengeschichte handelte. Zweimal wurde die Entwicklungslinie des ›Morgan 4/4‹ unterbrochen: das erste Mal gewalttätig durch den Krieg, das zweite Mal unsanft aufgrund von Familienstreitigkeiten. Mit dem 2-Liter-›Vanguard‹-Triebwerk, das Motorenlieferant ›Standard‹ ausschließlich anbot, wäre er zu teuer geworden. Folglich ließen Vater Henry Stanley Frederick und Sohn Peter sowie Geschäftsführer George Goodall den ›4/4‹ 1955 in einer zweiten Serie wiederaufleben – mit ›Ford‹-Maschinen unter der schmalen Haube, die ohne Lufteinlässe auskam.

Der vor allem kosmetische Fortschritt kam behutsam. Statt auf der Stoßstange zu hocken, lugten nun die Scheinwerfer aus den Nischen zwischen dem gerundeten Kühlergrill und den Kotflügeln hervor. Das Heck, das nur noch ein Reserverad zu schultern hatte, fiel sanfter ab, und der Radstand verlängerte sich um 190 auf 2440 Millimeter gegenüber der früheren Generation.

Auch sonst rührte man kaum an Altbewährtem. Nach bester Zunftgepflogenheit wurde der ›Morgan‹ handgeschmiedet und -geschreinert. Unter dem Karosserieblech verbarg sich der tiefgelegte Kastenrahmen mit verschraubtem Aufbau aus extrem harter belgischer Esche. Hinten bannte die Starrachse mit halbelliptischer Blattfederung und Kolbenstoßdämpfern jegliche Gefahr

---

Morgan 4/4

Baujahre: seit 1955 bis heute; *Motor:* Vierzylinder-Reihenmotor; *Hubraum:* 1172 – 1599 cm³; *Leistung:* 36 – 98 PS; *Fahrwerk vorn:* Einzelradaufhängung, Schraubenfedern; *Fahrwerk hinten:* Starrachse, halbelliptische Blattfederung; *Gewicht:* 715 – 800 kg; *Speed 0 – 100 km/h:* 10 – 17 s; *Vmax:* 133 – 160 km/h

einer Verweichlichung, während vorn Teleskopdämpfer, Schraubenfedern sowie senkrechte Führungsrohre, denen vermittels eines fast unzugänglichen Pedals alle 300 Kilometer Motorenöl zugeführt werden musste, den Passagieren den Straßenzustand meldeten. Trotz des von Peter Morgan – er lenkte seit 1959 die Geschicke des kleinen Unternehmens in Malvern Link – verkörperten Traditionalismus endete die Nostalgie vor den Triebwerken. Die Weiterentwicklungen der vorherigen vierzig Jahre fanden im Antrieb ihren deutlichen Niederschlag.

Ursprünglich besetzte ein schmalbrüstiger ›Ford 100E‹ von 1172 cm³ und 36 PS, gepaart mit einem Dreiganggetriebe, dessen Schalthebel aus dem Armaturenbrett hervorragte und in einem

Morgan 4/4 1955

sinnreichen Zug-Druck-System bedient wurde, den Logenplatz unter dem Frontblech. Ab 1961 (›Serie III‹) beherbergte der reine Roadster den ›105E‹ mit betulichen 39 PS für die Hinterachse. In flottem Wechsel ging es munter weiter, bis ein ›Ford‹-Aggregat aus dem ›Escort‹ mit 88 PS schließlich im ›4/4 1600‹ vom Frühjahr 1968 an bis 1982 eine dauernde Bleibe fand.

Der ›4/4‹ trat in drei Gewändern auf: als seltenes Drophead-Coupé, häufiger als 2+2-sitziger Tourer und klassisch als Roadster, als echter ›Morgan‹. Mit dem ›1600er‹ übersprang dann 1974 der erste ›Morgan 4/4‹ die magische 100-Meilen-Barriere. Doch wie immer auch die jeweilige Leistung eines ›Morgan 4/4‹ ausfiel: Er war und bleibt ein Sportwagen für jene Gentlemen, die das Besondere im Einfachen, im Unverfälschten suchen.

VOM MOTORRAD ÜBER DEN KLEINWAGEN: TRIUMPH

Es waren zwei deutsche Emigranten mit Namen Bettmann und Schulte, die mit Fleiß und Beharrlichkeit 1902 in Coventry ein kleines Unternehmen zur Fertigung von Motorrädern aufbauten.

Bettmann ging 1911 zu ›Standard‹, nicht ahnend, dass diese Firma bald darauf die ›Triumph Motor Company‹ übernehmen sollte. Als ›Triumph‹ 1923 in das aufstrebende Geschäft mit Automobilen einstieg, fehlte allerdings das hierfür notwendige Know-how. Doch das agile Jungunternehmen lieh sich einfach die Fachleute von der Konkurrenz. Mit dem Eintritt von Claude V. Holbrook wandte sich ›Triumph‹ von den Kleinwagen ab und den sportlichen Modellen zu. ›Scorpion Six‹, später ›12 Six‹ genannt, zählte zwar noch zu den kleineren Kalibern, bereitete aber 1932 den Weg in die schnelle Liga. Dort überzeugte Donald Healey, engagiert für die Konstruktions- und Rennabteilung, erstmals mit einem ›Triumph Gloria‹ bei der ›Rallye Monte Carlo‹ des genannten Jahres mit dem Sieg in der 1,5-Liter-Klasse.

Triumph TR2

Triumph TR2

Es war ein weiter Weg von Tretmaschinen, Fahrrädern und Motorrädern zu unverfälschten, hochwertigen Sportwagen, und in
dieser Hinsicht glich die Geschichte der Marke ›Triumph‹ einem
Märchen. Die Zahl Drei sollte darin eine nicht unwichtige Rolle
spielen, denn erst beim dritten Anlauf stellte sich der lang er-
sehnte Erfolg ein.

Zunächst begann alles mit zwei Niederlagen: Ende der vierziger
Jahre erteilte ›Standard‹-Boss Sir John Black dem Konstrukteur
Walter Belgrove den Auftrag, für einen Nachfolger des glücklosen
›2000er‹-Roadsters zu sorgen. Belgroves schöpferischer Drang
wurde aber schnell durch kleinliche Vertragsklauseln abge-
schnürt. Zwar dürfe und müsse der Fortschritt einziehen, sollte
aber soweit wie möglich mit ›Standard‹-Teilen realisiert werden.
Doch der dickbäuchige ›TRX‹ kam weder beim Publikum noch
bei der Firmenleitung an.

Triumph TR2

Angestachelt von den Erfolgen des ›Jaguar XK 120‹ und des ›MG TD‹ und gereizt wegen des gescheiterten Versuchs, ›Morgan‹ mit dicken Schecks in seine Firmengruppe einzugliedern, erging ein erneuerter Auftrag Sir Blacks an ein Team unter Harry Webster, eine ›Standard‹-Waffe für das Roadster-Turnier zu schmieden. Auf dem Londoner Motorsalon im Oktober 1952 zog Black mit dem ›20TS‹, auch ›TR1‹ genannt, blank, verlor jedoch das Duell mit Donald Healeys neuem ›3000er‹. Folglich wanderte auch das Showstück auf den Schrott.

Triumph TR2
Baujahre: 1953 – 1955; *Motor:* Vierzylinder-OHV-Reihenmotor; *Hubraum:* 1991 cm³; *Leistung:* 90 PS; *Fahrwerk vorn:* Einzelradaufhängung, Doppeldreieckslenker, Schraubenfedern, Stabilisatoren; *Fahrwerk hinten:* Starrachse, halbelliptische Blattfederung, Torsionsstäbe; *Gewicht:* 860 kg; *Speed 0 – 100 km/h:* 11,6 s; *Vmax:* 167 km/h

In den Wintermonaten 1952/1953 vollbrachte das Team um den eigens für diesen Zweck angeheuerten Ingenieur Ken Richardson wahre Wunder und bewirkte die Wende. Zuerst setzte man den Wagen auf einen robusteren, starren Rahmen. Dann konzipierte man das missratene Heck völlig neu, und zu guter Letzt setzte man den komplett überarbeiteten 90-PS-Vierzylinder ein.

Und so wurde auf dem Genfer Salon im März 1953 der ›Triumph TR2‹ endlich mit dem verdienten Beifall bedacht. Nach dreißig Monaten harter Arbeit wartete ein rundum gelungener zweisitziger Roadster mit einem großzügigen Kofferabteil im Heck, weit zurückgesetztem Grill, tief ausgeschnittenen Türen und in die Karosserie integrierten Kotflügeln auf seine Käufer. Er war schmuck, robust und – überraschend – mit umgerechnet unter 7.500 D-Mark der günstigste Sportwagen auf dem Markt, dabei durchaus imstande, 100 Meilen in der Stunde, die sogenannte »ton«, zu absolvieren.

Eine Kreuzverstrebung versteifte den Kastenrahmen, während Trapezlenker mit Schraubenfedern vorn und hinten an einer Starrachse mit halbelliptischer Blattfederung die Räder führten. Sein 2-Liter-›Vanguard‹-Reihenvierzylinder hievte die 75 PS des Vorgängers auf 90 PS. Trotz seiner Schnelligkeit fehlte es an Perfektion: Zeigte der ›TR2‹ in scharf gefahrenen Kurven zu viel ungehorsame Leidenschaft, ließ er sie bei der Beschleunigung wiederum vermissen, während die Trommeln zum Blockieren neigten.

Im Herbst 1954 erfolgten etliche Verbesserungen wie höher angesetzte Türen, neue Rücklichter und größere, effektive Trommeln für die hinteren ›Lockheed‹-Bremsen. Fakultativ gab es nun ein Fiberglas-Hardtop für alle, denen es zu sehr zog oder denen der brummige Lärm nicht behagte, mit dem sich der Auspuff artikulierte. In einer Hinsicht aber waren sich alle Fahrer einig: Bei jedem ›Triumph TR2‹ wurde schierer Spaß mitgeliefert – ganz ohne Aufpreis.

Triumph TR4

Triumph TR4 / TR4A

Im nasskalten Oktober 1961 brannten nicht nur die Herbstfeuer schlecht, sondern kam die Produktion des famosen und beliebten ›TR3‹ nach 58.236 Exemplaren in der Version ›3A‹ zum Erliegen, und der an chronischen Geldnöten laborierende Konzern bereitete sich auf die Übernahme durch ›Leyland Motors‹ vor. Aber noch einmal gab es mit dem ›TR3B‹, der bei der ›Forward Radiator Company‹ ausschließlich für den Export gebaut wurde, ein Hoffnung machendes Aufflackern.

In den letzten Modellen kündeten bereits 2138-cm³-Maschinen des Nachfolgers sowie dessen vollsynchronisiertes Viergangge-

85

> **Triumph TR4 / TR4A**
> *Baujahre:* 1961 – 1967; *Motor:* Vierzylinder-OHV-Reihenmotor; *Hubraum:* 2138 cm³; *Leistung:* 100 bzw. 104 PS; *Fahrwerk vorn:* Einzelradaufhängung, Doppeldreieckslenker, Schraubenfedern, Stabilisatoren; *Fahrwerk hinten:* Starrachse, halbelliptische Blattfederung, Torsionsstäbe bzw. Einzelradaufhängung, Zuglenker, Schraubenfedern; *Gewicht:* 965 – 1015 kg; *Speed 0 – 100 km/h:* 11,2 – 13,5 s; *Vmax:* 165 – 175 km/h

triebe von den Veränderungen, die da kommen sollten. Dann verschied der ›TR3‹ – und aus der Asche erhob sich der ›TR4‹. Unter solchen Bedingungen vollführte die ›Standard-Triumph International Limited‹ in den sieben Jahren ab 1961 geradezu eine Revolution. In einem technologischen Dreisprung in der Reihenfolge »Karosserie, Fahrwerk, Motor« stürzte sie mit dem neuen ›Triumph‹ die Idee des englischen Sportroadsters, in der sich funktionelle Elemente aus den dreißiger Jahren in stilistischen Ansätzen erhalten hatten. Statt ihrer inthronisierte Giovanni Michelotti mit der Karosserie des ›TR4‹ die neue horizontale Linie.

Von den zahlreichen Ideen, die bereits zwischen 1957 und 1960 diskutiert worden waren, kamen schließlich vier in die engere Wahl, von denen sich das Konzept mit dem Codenamen »Zest« durchsetzte.

Michelottis Design setzte auf Breitwandformat und betonte die Kante. In dem die ganze Front einnehmenden Grill lagen unter »Augenlidern« die integrierten Scheinwerfer. Vorbei die Tage der zur Lässigkeit einladenden schrägen Türausschnitte, vorüber auch die Ära der vom Fahrtwind gewellten weichen Plastikseitenscheiben. Durch seinen Antritt und seine schlichte Praktikabilität fegte der ›TR4‹ jeden Ansatz von Nostalgie beiseite.

Er bot Kurbelfenster, eine Klimaanlage und einen großen Kofferraum, der nun auch dem Reserverad als Behausung diente. Ein wahlweise verfügbares Hardtop, eine Art Targa, öffnete großzügig den Blick zum Himmel. Und unter den neuen Kleidern? Der ›TR4‹ kam in der Tat breiter daher als seine Vorgänger, denn die Spur war vorn und hinten erweitert worden.

Um die Motorhaube möglichst niedrig zu halten, musste über den beiden ›SU‹-Vergasern Raum zum Atmen geschaffen werden. Unter dem neuen Gewand verbarg sich ein vollsynchronisiertes Vierganggetriebe, und um das Fahrverhalten zu verbessern, waren Schnecke sowie Finger durch eine moderne Zahnstangenlenkung ersetzt worden. Doch das Unbehagen an der überkommenen Starrachse wuchs, sodass sich beispielsweise findige amerikanische Sportfahrer mit Längsschubstreben, Querstabilisatoren und anderen Stoßdämpfern behalfen.

Im Januar 1965 versah man den ›TR4A‹ nicht nur mit einem neuen Frontgrill, sondern mit Einzelaufhängung der Antriebsräder. Zudem verbesserte die hintere Radaufhängung mit Schraubenfedern und Zuglenkern die Fahreigenschaften gravierend. Aber auch mit vier weiteren Pferdestärken waren die veralteten Motoren den italienischen Sportwagen mit ihren Doppelnockenwellenmotoren hoffnungslos unterlegen.

Die Lösung mit einem vollständig neuen Motor sollte der ›GT6‹ bringen – und so rollte am 2. August 1967 der letzte von 28.465 ›Triumph TR4A‹ vom Band.

Geburtshelfer Big Apple: TVR

Namen sind Schall und Rauch, und doch verraten sie viel. Trevor Wilkinson aus Blackpool, wo er 1923 geboren worden war, gründete 1947 eine kleine Autofabrik. Auf der Suche nach einem einprägsamen Markenkürzel zerstückelte er seinen Vornamen – und heraus kam ›TVR Engineering‹.

Von Jugendtagen an waren Trevor Wilkinson und sein Freund Jack Pickard von der Idee besessen, Sportwagen in die Welt zu

87

setzen. 1956 holten sie Bernard Williams von ›Grantura Plastics‹ ins Boot, und über viele Jahre sollte der Weg der ›TVR‹ zu einem Schlingern zwischen den Riffs und Klippen, den Strudeln und Untiefen des Sportwagengeschäfts geraten.

Zunächst hatte es mit einigen Bausätzen und Spezialanfertigungen begonnen, deren Komplettierung die Kunden selbst übernahmen. 1957 folgte eine Handvoll von offenen Zweisitzern sowie ein halbes Dutzend Coupés. Eines davon stellte Ray Saidel, ein amerikanischer Geschäftsfreund aus Manchester, New Hampshire, bei der ›New York International Auto Show‹ im selben Jahr vor. Unerwartet löste die uneigennützige Stellvertreterpräsentation eine Flut von Bestellungen aus, die Saidel zusammen mit etlichen Verbesserungsvorschlägen zurück auf die Insel schickte.

TVR Grantura MK II / MK III

Bereits der Prototyp von 1958 war von koboldartiger Kürze und demonstrierte das zukünftige typische ›TVR‹-Design: lange, glatte Front, daran anschließend eine winzige Pilotenkanzel für zwei, am Ende der Abbruch des Hecks über den Antriebsrädern. Aus einem Berg von Entwürfen und Ideen filterte Wilkinson diese Linie und setzte sie in eine Fiberglasform. Um die Steuer zu umgehen, lieferte man den Kraftzwerg im Baukasten, dessen Motorenregal zwar eine umfangreiche, doch unbefriedigende Reihe von Möglichkeiten zur Wahl stellte.

Im Jahre 1962, wiederum auf der New Yorker Show, debütierte der ›MK III‹ – und leitete eine technische Wende ein. Ein steifes, in Dreiecke gegliedertes Fachwerk von John Thurner trat an die Stelle des bisherigen Rohrrahmens. Alle Räder hingen nun an Querlenkern; Schraubenfedern ersetzten die Drehstäbe; der Radstand wurde um 38 auf 2170 Millimeter verlängert. Bis zum Sommer 1963 dominierten die ›MGA‹-Aggregate mit 1622 cm³ und 86 PS, ab September die des ›MGB‹ mit 1798 cm³ und 95 PS den Mo-

TVR Grantura MK II

torraum. Und Mitte des Jahres schloss sich der ›Grantura 1800S‹ an, erkennbar am Manx-Heck mit dem größeren, umgreifenden hinteren Fenster. Im Cockpit wiederum stützte das Reserverad unaufgefordert den Nacken der Passagiere.

Im Winter 1965 übernahm eine Familie namens Lilley im Ergebnis einer Liquidation ›TVR‹. Gemeinsam überwachten Vater Arthur als Vorsitzender und Sohn Martin als Manager vor allem die Buchführung der ›TVR Engineering Limited‹. Und die hielt fest, dass 1966 für den automobilen Sonderling noch immer eine große Nachfrage in Großbritannien bestand.

TVR Grantura MK II / MK III
Baujahre: 1958 – 1964; *Motor:* Vierzylinder-OHV-Reihenmotor; *Hubraum:* 1261 cm³; *Leistung:* 80, 83, 86 bzw. 95 PS; *Fahrwerk vorn und hinten:* Einzelradaufhängung, Kurbellängslenker, Torsionsstäbe; *Gwicht:* 710 kg; *Speed 0 – 100 km/h:* 10,8 – 12 s; *Vmax:* 158 – 180 km/h

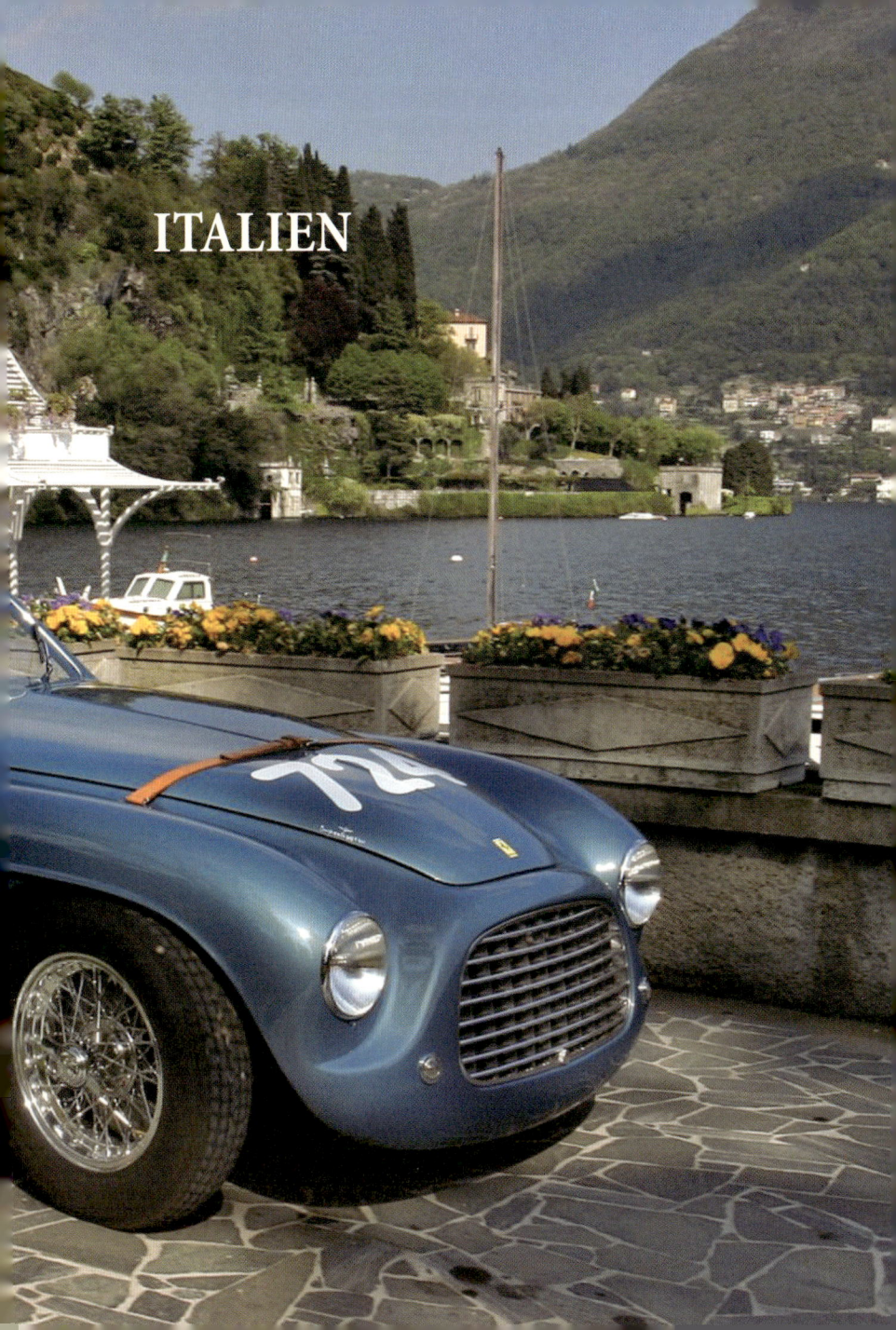

ITALIEN

ELEGANZ UND STÄRKE

Auf ihren metallisch schimmernden »Rössern« galoppierten die italienischen Cavalieri besonders ungestüm in die automobilen Schlachten des 20. Jahrhunderts. Nichts sollte sie aufhalten. Keine verkrusteten ständischen Regeln, keine religiösen Verbote und keine althergebrachte Moral. In kaum einem anderen europäischen Kernland schlug die Begeisterung für das neue, rasante Fortbewegungsmittel derart hohe Wellen, huldigte die gesellschaftliche und kulturelle Elite so vorbehaltlos der Moderne. Sie war sich nach der Wiedervereinigung unter Garibaldi der Rückständigkeit ihrer Heimat gegenüber England und Frankreich bewusst und empfand Scham angesichts der glanzvollen Geschichte Italiens. Gesegnet mit der neuen heiligen Schrift, dem *Futuristischen Manifest,* abgehärtet durch die Schrecken des Ersten Weltkriegs und verführt von den imperialen Phantasien Mussolinis stürzte sich eine ganze Generation begabter junger Männer in das Abenteuer Technik. Ihr Motto: »Wir erklären, dass sich die Herrlichkeit der Welt um eine neue Schönheit bereichert hat: Die Schönheit der Geschwindigkeit.«
Anders als in England beherrschten selbst in der Aufbruchzeit nur wenige Marken die Motorsportszene im Stiefelland. Zu mächtig waren Konzerne wie ›Fiat‹ und ›Alfa Romeo‹, zu verflochten die wirtschaftliche mit der politischen Führung. Auf der anderen Seite schlug das unverfälschte und ungebändigte italienische Herz mit seiner Leidenschaft, seinem Drängen nach Schönheit, Harmonie und ästhetischer Vollendung. Es waren vor allem die

ehrgeizigen, von Eifersucht aufeinander getriebenen Familienunternehmen, die nach dem Zweiten Weltkrieg Italiens Dominanz auf den kontinentalen und heimischen Rennstrecken begründeten. In den Geschlechtertürmen der Neuzeit entwickelte und züchtete man die modernen Rennpferde, deren unverwechselbares Design jene weltweit bekannte Markenidentität schuf. Gleich dem berühmten toskanischen ›Palio de Siena‹, jenem erbarmungslosen Pferderennen der Stadtteile, kämpften die Sportwagenschmieden aus Modena, Bologna oder Turin nun bei der ›Mille Miglia‹, in Monza oder bei der sizilianischen ›Targa Florio‹ unerbittlich um Ruhm, Geld und Ehre. Dabei verbanden die italienischen Ingenieure kunstvoll technische Raffinesse mit vollendetem Stil. Nur in einem todschicken Blechkleid machte ein temperamentvoller Zwölfzylinder auch die notwendige Bella Figura.

93

Im industriell geprägten Norden entstand die eigenständige Zunft der Carrozzieri, und bald standen die Werkstätten Schlange, um bei den berühmtesten Blechschneidern ihre rasanten Sportwagen elegant und unverwechselbar einkleiden zu lassen. Selbstbewusst verlangten und erhielten die Schöpfer unvergleichlich schöner Skulpturen ein fürstliches Agio. Technisch übersetzten die Azzurri das südliche Temperament in drehfreudige, rassige Motoren, deren Sound unverhüllt mit deren Potenz balzte. Das war ganz im Sinne der italienischen High Society. Wer sich die sündhaft teuren Meisterwerke zulegte, wollte mit ihnen gesehen werden, sie nicht in die Garage stellen. Das Dolce Vita verlangt nach dem Auftritt auf der großen Bühne. Auf dem Campo, der Piazza, der Strada findet das Leben statt. Und was könnte den Willen zur Selbsterhöhung und Selbstdarstellung besser symbolisieren als diese grandiose technische Erfindung? Wenn sich jedermann an der Schönheit erfreut, wenn niemand dem anderen den Erfolg neidet, sondern ihn dafür bewundert, wird verständlich, dass »Understatement« südlich der Alpen ein Fremdwort ist. Diese Lebenssicht weckt höchstens den Wunsch und die Leidenschaft, ein solches Fahrzeug zu besitzen – und den Mythos einzufangen, den jede dieser berühmten Marken in sich trägt.

Überirdisches für den schnellen Alltag: Alfa Romeo

Das ruhmreiche, 1906 im Mailänder Bezirk Portello von dem Franzosen Alexandre Darracq gegründete Automobilwerk, das 1910 von lombardischen Geschäftsleuten übernommen und auf ›Società Anonima Lombarda Fabbrica Automobili‹ getauft wurde, erregte im Frühjahr 1953 mit einem futuristisch anmutenden Sportwagen großes Aufsehen. Einen maßgeblichen Anteil an seinem Entwurf trug Gioacchino Colombo bei, der lange Jahre für das renommierte, nach dem Ersten Weltkrieg unter dem Halb-

Alfa Romeo Disco Volante

kürzel ›Alfa Romeo‹ erfolgreiche Unternehmen arbeitete. Nach
einem kurzen Zwischenspiel bei der Edelschmiede ›Ferrari‹, für
die er den famosen ›Colombo‹-Zwölfzylinder konstruierte, kehrte
er 1951 in die wiedererrichteten Werkhallen von Portello zurück
und half maßgeblich bei der dringend notwendigen Imagever-
besserung der ehrwürdigen Motorsportinstitution, die sich unmittelbar nach dem Ende der Mussolini-Diktatur mit der Herstellung von Werkzeugmaschinen, Elektroherden und Jalousien
vor dem Untergang gerettet hatte. Obwohl ›Alfa‹ seine ganze Hoffnung auf die ›1900er‹-Reihe von 1950 legte, plante man dennoch
eine Serie größerer Sportwagen.

Alfa Romeo Disco Volante

Alfa Romeo Disco Volante C52 / 6C 3000 CM

So entschied sich die Führung des Traditionsunternehmens für einen gänzlich neuen Typus. Diese Handvoll ausgefallener, sich scheinbar auf irdische Wege verirrt habender ›Alfas‹ erhielt in Italien vom Volksmund schnell den passenden Namen: »Disco Volante« (»Fliegende Untertasse«). Durch ihre flache Bauweise und die Betonung der seitlichen Karosserieleiste sahen die leicht-gewichtigen Rennwagen auf der Basis des ›1900er‹-Chassis po-pulären Ufos nicht unähnlich. Bautechnisch glichen die neuen 6-Liter-Zylinder denen der ›1900er‹-Vierzylinder – angereichert le-diglich mit zwei zusätzlichen Zylindern, jedoch mit derselben 82,5-Millimeter-Bohrung, wohl aber mit einem längeren Hub.

Mit 158 PS (6500 U/m) erreichten bereits die schwächeren ›Discos‹ über 220 km/h, während die größeren mit der Bezeichnung ›6C 3000 CM‹ für den 3-Liter-Sechszylinder-›Cortemaggiore‹-Motor diese Spitzengeschwindigkeit deutlich überboten. Nach intensiven Straßenerprobungen und Windkanaltests verschwanden die exotischen Untertassen zunächst wieder. Doch schon 1952, bei den ›24 Stunden von Le Mans‹, sollten sich beide Ausführungen beweisen, starteten aber erst zur ›Mille Miglia‹ des folgenden Jahres, bei der ein Vier- und drei Sechszylinder eingesetzt wurden, letztere mit einem auf 3576 cm³ Hubraum vergrößerten Motor. Trotz beschädigter Lenkung spurtete der legendäre Juan Manuel Fangio mit seinem schlagkräftigen ›Alfa‹ nur knapp geschlagen hinter einem 4,1-Liter-›Ferrari‹ ins Ziel. Im Jahr darauf, bei der ›Supercortemaggiore‹ von Meran, triumphierte Fangio souverän mit einem 3-Liter-Roadster. Eine Eintagsfliege? Wie dem auch sei: Mit den danach verbuchten Misserfolgen von ›Le Mans‹ und ›Spa‹ sowie dem Rückzug des Teams vor den extrem harten ›ADAC 1000 km Nürburgring‹ endete die Rennsportkarriere der rasenden »Untertassen« schnell und bitter. Damit könnte die Geschichte hier enden, hätte ›Alfa‹ nicht alle ›Discos‹, deren genaue Stückzahl man wohl nie genau wird ermitteln können, bis auf den Original-Prototyp und das Erfolgsauto Fangios verkauft.

Alfa Romeo Disco Volante C52 / 6C 3000 CM
Baujahre: 1952 – 1960; *Motor:* Vierzylinder-DOHC-Reihenmotor *bzw.* Sechszylinder-DOHC-Reihenmotor *bzw.* 3,5-Liter-Sechszylinder-DOHC-Reihenmotor; *Hubraum:* 1997 *bzw.* 2995 *bzw.* 3495 cm³; *Leistung:* 158 *bzw.* 230 *bzw.* 246 PS; *Fahrwerk vorn:* Einzelradaufhängung, oberer und unterer Schräglenker, Schraubenfedern, Stabilisatoren; *Fahrwerk hinten:* De-Dion-Achse, Schraubenfedern, Stabilisatoren; *Gewicht:* 734 – 960 kg; *Speed 0 – 100 km/h:* unbekannt; *Vmax:* 220 – 255 km/h

Kurz nachdem die Produktion auslief, erwarb Joakim Bonnier, der berühmte schwedische Rennfahrer, ein Coupé, dem der Skandinavier eine neue Roadster-Karosserie von ›Zagato‹ verpasste. Dieses Auto gelangte schließlich nach Amerika, wo es für den Rennstall von Shelly Spindel gefahren wurde. Auf der Käuferliste aus dem Jahre 1955 fand sich unter anderen ein Argentinier: der Diktator Juan Perón.

Den verbliebenen ›Discos‹ – drei ›C52‹ und sechs ›6C 3000 CM‹ – war es beschieden, den Ballast des einstigen Ruhms zu tragen. Ihr ursprüngliches, für die große Modellreihe geplantes Konzept bildete die Grundlage phänomenaler aerodynamischer Studien von Battista »Pinin« Farina. Die erste, ein extrem niedriges Coupé

Alfa Romeo Montreal

mit scharfen Heckflossen, einem rundum verglasten Cockpit, nach oben zu öffnenden Flügeltüren und halbverkleideten Vorderrädern, erhielt den Namen ›Superflow‹, worauf der konventionellere ›Superflow II‹ folgte, dessen besonderer Clou im Einsatz eines Kunststoffs bestand, der außen die Karosseriefarbe trug, von der Innenseite jedoch durchsichtig war. Als Letztes gesellte sich ein Roadster hinzu, der durch seine Kopfstützenverkleidung und die fehlenden Flossen auffiel. 1967 übertrug ›Pininfarina‹ dann die lang gestreckte, konkave Seitenansicht auf das Serienmodell ›Giulia Duetto‹, heute als ›Spider 2000 Veloce‹ bekannt. Bleibt zum Schluss noch rühmend anzumerken: Wie die ›Alfa Romeo B.A.T.s‹ von ›Bertone‹ zählt der ›Disco‹ zu den originellsten und modernsten Autos der fünfziger Jahre.

Alfa Romeo Montreal

Montreal 1967. ›Alfa Romeos‹ Leibschneider ›Bertone‹ präsentierte der Weltöffentlichkeit auf der ›Expo‹ einen ganz speziellen ›Alfa‹: Der Karosserieschneider war von der Ausstellungsleitung gebeten worden, ein Auto zu entwickeln, das den Stand der italienischen Sportwagen dokumentieren sollte. Unter dem Namen ›Montreal‹, als Reverenz an den Geburtsort jener Idee, strickte die Carrozzeria das Schaustück auf der Grundlage des ›Giulia 105‹-Chassis. Das Coupé zeigte auffällig große Lufteinlassschlitze hinter den Türen, die auf eine Mittelmotorkonstruktion hindeuteten.

Alfa Romeo Montreal
Baujahre: 1959 – 1964; *Motor:* V8-DOHC; *Hubraum:* 2593 cm³; *Leistung:* 200 PS; *Fahrwerk vorn:* Einzelradaufhängung, Quer- und Zuglenker, Schraubenfedern, Stabilisatoren; *Fahrwerk hinten:* Starrachse, Schraubenfedern; *Gewicht:* 1280 kg; *Speed 0 – 100 km/h:* 7,6 s; *Vmax:* 224 km/h

Nachdem man den Schönling mit dem 2-Liter-Achtzylinder aus dem Renntyp ›T 33‹ auf dem Versuchsgelände im piemontesischen Balocco durch die Po-Ebene gehetzt hatte, entschieden sich die Verantwortlichen jedoch für eine Verpflanzung des Motors in den Bug. Somit lief das Serienmodell 1970, beim Genfer Autosalon, mit aufgefrischtem Styling auf. Rundliche Formen und eine etwas hochbeinige Silhouette mit lang gestreckter, konkaver Seitenansicht ließen auf Nostalgie schließen, sahen aber äußerst attraktiv aus. Trotz des konventionellen Frontmotor-Hinterradantrieb-Konzepts täuschten Lufteinlassschlitze einen Mittelmotor vor, dienten aber nur noch zur Cockpitbelüftung. Das gab dem Wagen einen besonderen Touch, ebenso die Front mit verdeckten Scheinwerfern rechts und links vom ›Alfa‹-Grill, deren Lamellen sich beim Einschalten per Unterdruck automatisch öffneten, sowie der imposante, mittig mündende Doppelrohrauspuff.

Die größten Veränderungen aber betrafen den Motor. Unter der lang gestreckten Haube berserkte nun ein neuer ›V8‹-Leichtmetallmotor mit 2593 cm^3 Hubraum sowie vier Nockenwellen und mechanischer ›Spica‹-Benzineinspritzung. In Wirklichkeit stellte er mit seiner Leistung von 200 PS bei 6500 U/m nichts anderes als eine gezähmte Version des ›Alfa T 33‹-Rennmotors dar. Somit bespielte der Kurzhuber virtuos ein breites Drehzahlband zwischen 1500 und 7000 U/m, wobei jenseits der 5500 seine Meisterschaft lag, aber auch die Gefahr für den Fahrer, der Taubheit zu erliegen. Weiterhin beachtlich: Der ›Montreal‹ wog rund 210 Kilogramm mehr als der ›Giulia 2000 GTV‹, sein nächster Stallnachbar – indes: Sein Leistungsgewicht von nur 4,6 Kilogramm pro PS imponierte mächtig.

Vergleichsweise konservativ brav wirkte das gewöhnliche Fahrwerk. Ein Auto mit dem Leistungspotential des ›Montreal‹ und der möglichen Spitze von 210 km/h braucht normalerweise eine unabhängige Einzelradaufhängung hinten, wenigstens aber eine ›De Dion‹-Konstruktion. Doch der ›Alfa‹ parierte glänzend. Allerdings »tauchte« der Italiener bei Vollbremsungen, das heißt, er federte vorne ein und hinten aus.

Leider gab es auch ein paar Wermutstropfen. So ließen sich die kleinen Instrumente nur schwer ablesen, und in typisch italienischer Manier war das Lenkrad weitaus schräger gestellt als die Volants der übrigen kontinentalen Sportwagen. Diese Eigenart handelte dem ›Montreal‹ ironische Bemerkungen von Fachjournalisten ein, die darin gipfelten, dass italienische Chauffeure wohl affenartige Wesen mit langen Armen und kurzen Beinen seien. Dabei zeugten diese Äußerungen nur von der Unkenntnis des Fahrstils der Italiener. ›Alfas‹ Testfahrer stellten nämlich den Sitz zurück und griffen lässig nur in den unteren Teil des Lenkradkranzes. In den Kurven schob man das Lenkrad auch bei Spitzengeschwindigkeit zwischen den Händen hin und her und hob sie nie über das untere Lenkraddrittel. Im Gegensatz dazu halten die meisten Fahrer in Europa und Amerika das Lenkrad in der »9-3-Uhr«- oder »10-14-Uhr-Position«, in der sie ein senkrechter gestelltes Lenkrad benötigen, wollen sie den Wagen auch sicher kontrollieren.

Der ›Montreal‹ war ein tolles Experiment, ein Traum, ein teurer ›GT‹, der es leider nicht vermochte, im rauen Revier von »Porsche & Co.« zu wildern. Geblieben ist der Doppelwert aus Legende und begehrtem Sammlerobjekt.

Faustisches Vergnügen: Bizzarrini

So exotisch wie ihr Name, so ungewöhnlich erscheint die Geschichte der Automarke dahinter. 1953 legte an der Universität Pisa der in der nahen Hafenstadt Livorno geborene Giotto Bizzarrini sein Ingenieursexamen ab – und verschrieb sich fortan dem Sportwagen wie Faust einst dem Mephisto. Von da an tauchte der

Bizzarrini GT Strada 5300

Name Giotto Bizzarrini bei fast allen italienischen Superautos auf. Der Star-Ingenieur arbeitete für ›Alfa Romeo‹ und ›Lamborghini‹ ebenso wie für Enzo Ferrari, den er 1961 im Zorn verlassen sollte. Aber der junge Toskaner tanzte auf weit mehr Hochzeiten. So bescherte der rastlose Tüftler der Firma ›Iso‹ zwei geniale Kreationen. Nur kurz leuchtete dagegen der Stern der eigenen kleinen Autoschmiede am siebten Himmel der exklusiven und exponierten Sportwagen. Gleichwohl beziehungsweise deshalb darf vor allem einer von ihnen nicht unerwähnt bleiben …

Bizzarrini GT Strada 5300

Die Idee hinter seinem ›Strada‹ war simpel und paradox: Er sollte einfach der schnellste ›Gran Turismo‹ der Welt werden. Nicht mehr und nicht weniger. Mochte ein ›Maserati‹ subtiler, ein ›Lamborghini‹ raffinierter sein – für den Mann aus Livorno zählte das alles nicht.

Nach der Abkehr von Maranello ließ sich Bizzarrini in seiner Heimatstadt nieder und arbeitete dort als freier Konstrukteur und Ingenieur. Kurz darauf heuerte ihn Ferruccio Lamborghini an, um einen ferrariähnlichen ›V12‹-Motor zu entwickeln. Parallel bekam er den Auftrag, ein Chassis für ›Iso‹ in Mailand zu bauen (das den Grundstein des späteren ›GT‹ bilden sollte). Zur gleichen Zeit arbeitete der Unermüdliche an einer Version mit verkürztem Radstand, die wiederum die Keimzelle für seine Eigenschöpfung ›GT Strada 5300‹ war und, mit einem 365-PS-›Corvette‹-Motor bestückt, im zweisitzigen ›Iso Grifo A3L‹ Anwendung fand. Auf dem Turiner Autosalon (›Salone dell'automobile di Torino‹) des Jahres 1963 erblickten dann beide Prototypen das Licht der Autowelt, wobei der ›Bizzarrini GT‹ noch als ›Iso A3C‹ firmierte. Obwohl der ›A3C‹ und der ›A3L‹ aus einer Hand stammten – aus der des ›Bertone‹-Designers Giorgetto Giugiaro –, waren es im Detail völlig unterschiedliche Autos.

Bizzarrini GT Strada 5300

Als ›Iso‹ fuhr der spätere ›Bizzarrini‹ 1964 das ›24-Stunden-Rennen von Le Mans‹ und kam als Vierzehnter mit einer Durchschnittsgeschwindigkeit von 171,76 km/h ins Ziel. Dieser Rennsportwagen besaß eine Aluminiumkarosserie mit zurückgesetzten Scheinwerfern, die unter Plexiglashauben lagen. Mehr als tausend Stunden Arbeitszeit waren in das Gewirr der Aluminiumrohre investiert worden. Aufgrund des Materials wog der ›Strada‹ 270 Kilogramm weniger als der ›Grifo‹.

Bizzarrini GT Strada 5300
Baujahre: 1963 – 1969; *Motor:* V8-OHV; *Hubraum:* 5345 cm³; *Leistung:* 365 PS; *Fahrwerk vorn:* De-Dion-Achse, Watt-Gelenk, Schraubenfedern; *Fahrwerk hinten:* Starrachse, Schraubenfedern; *Gewicht:* 1250 kg; *Speed 0 – 100 km/h:* 6 s; *Vmax:* 275 km/h

Der italienisch-amerikanische ›V8‹-Motor, dessen Getriebetunnel
um einiges in die Fahrgastzelle hineinragte, war unter der langen
Haube sehr weit zurückverlegt. Zwar grollte und polterte er
dumpf, folgte aber dem Gasfuß willig und zivilisiert. Ansonsten
gefiel der Wagen mit Leichtmetallgussfelgen und Abluftöffnungen
der Motorkühlung, die gefällig an den Seiten direkt hinter den
Vorderrädern lagen.
Inzwischen kam der ›Iso Grifo‹ mit dem gleichen ›Bertone‹-De-
sign auf den Markt. Allerdings war seine Karosserie aus Stahl,
hatte keine versetzten Scheinwerfer, zudem ein weniger aggressi-
ves Frontdesign, punktete dafür aber mit erheblich luxuriöserer
Ausstattung. Doch das alles konnte die Verwandtschaft der beiden
nicht vertuschen. Das Wettbewerbs-Coupé wiederum wurde in
einer limitierten Auflage als straßenfähiger Tourensportwagen
›Bizzarrini GT Strada 5300‹ angeboten, wobei ›Strada‹ für
»Straße« und die ›5300‹ für den Hubraum des »Chevy«-Motors
stand. Aber niemanden interessierte das.
Bizzarrinis Miniwerkstatt konnte natürlich nur sehr wenige, ausschließlich von Hand gefertigte Exemplare herstellen. Zu aufwendig und verschachtelt gestaltete sich die Produktion: Das fahrbe-
reite Chassis lieferte ›Iso‹, das Blechkleid von ›Bertone‹ schnei-
derten die Meister bei ›BBM‹ in Modena, während man bei ›Bizzarrini‹ nur Endmontage und Feinabstimmung übernahm. Das
Ergebnis war eine wunderschöne flache Flunder, ein Hochleis-
tungssportwagen mit quicklebendiger Beschleunigung und gut
275 km/h Spitzengeschwindigkeit, die er sich allerdings mit
einem exorbitanten Benzinverbrauch ertrotzte.
Zwischen 1963 und 1969 entstanden mit ungeheurem Fleiß und
Besessenheit in seiner Werkstatt 149 Modelle, allesamt Zeugnisse
ausgelebter Kreativität. Nach diesem eher mäßigen kommerziellen Erfolg wendete sich Bizzarrini von diesem automobilen Projekt ab und dem kleineren ›GT Europa 1900‹ zu.

Ambitioniert: Cisitalia

Am Anfang stand das Geld, nicht das Auto. Zum Beispiel bei der
›Consorzio Industriale Sportiva Italia‹, kurz ›Cisitalia‹. Das am
Corso Peschiera in Turin ansässige Unternehmen für Sportartikel
stellte Fahrräder, Tennisrackets und Bekleidung her, bevor es den
Wald-und-Wiesen-Autos des in derselben Stadt beheimateten
Automobilgiganten ›Fiat‹ Beine mit Stil machte. Hinter der Marke
stand Piero Dusio, ein Ex-Fußballstar von ›Juventus‹, Rennfahrer
und wie Enzo Ferrari Commendatore von Mussolinis Gnaden.
Mit patriotischer Pflichterfüllung – in seinem Fall der Massenfer-
tigung von Uniformen – erwarb er ein Vermögen. Doch schon
1946 begann Dusio seine Begeisterung für den Automobilrenn-
sport in Bares umzusetzen – und stieg mit einem einsitzigen kleinen 1,1-Liter-Flitzer auf der Basis preiswerter ›Fiat‹-Teile in das
Geschäft ein. Da überrascht es kaum, dass sich die ersten ›Cisitalias‹ – als Namenspatron fungierte, wie unschwer erkennbar, die
eigene Firma – bestens verkauften. Etwa fünfzig dieser Monoposti
106   wurden in den ersten zwei Jahren montiert; sie beherrschten ihre

Klasse derart, dass Dusio einen kleinen Rennzirkus mit sechzehn Fahrzeugen und einigen der seinerzeit besten Fahrer ins Leben rief. Nicht nur das: Zwei Top-Ingenieure zeichneten für Technik und Design verantwortlich: Dante Giacosa, der spätere Chefingenieur von ›Fiat‹, und Giovanni Savomuzzi, der Jahre darauf die Leitung der Flugzeugabteilung bei ›Fiat‹ übernehmen sollte.

Cisitalia 202 Gran Sport

Angespornt durch seinen Erfolg, stürzte sich Dusio auf ein ambitioniertes Projekt: einen zweisitzigen Sportwagen. Breit wie ein ›Buick‹, niedrig wie ein ›Grand Prix‹-Bolide und komfortabel wie ein ›Bentley‹ sollte diese Straßenvariante sein. Wiederum benutzte er ›Fiat‹-Komponenten, aber sie und das Chassis waren die einzigen Überbleibsel seiner Monoposti. Schließlich, im September 1947, stand die ›Berlinetta 202‹ auf den Rädern. Das »Gerüst«, eine Rahmenkonstruktion, in zwölf Millimeter dickes Aluminiumblech eingekleidet, kam leicht und robust daher, war aber aufwendig und teuer in der Herstellung. Die unabhängige Vorderradaufhängung stammte von ›Fiats‹ »Mäuschen«, dem ›Topolino‹, während eine hintere Pendelachse sowie Querlenker vorn und schräg gestellte Blattfedern den Aufbau vervollständigten und sich Trommelbremsen der ›1100er‹-Reihe aus demselben Stamm-hausregal als ausreichend erwiesen. Den Motor hingegen päppelten die Techniker mittels höherer Verdichtung, ›Weber‹-Doppelvergaser und Trockensumpfschmierung auf.

Die ersten Zweisitzer waren Rennsport-Coupés und -Cabrios mit Aluminiumkarosserie, die besonders durch ihre hinteren ausgestellten Kotflügel auffiel. Wie die Einsitzer erwiesen sich auch die Zweisitzer als kommerziell erfolgreich. Mit Spitzenfahrern am Volant ließen sie selbst stärkere Modelle schlecht aussehen. Tazio Nuvolari, bereits zu Lebzeiten eine Rennsportlegende, avancierte auch auf diesem Mini zum Siegertyp.

Cisitalia 202 Gran Sport

Cisitalia 202 Gran Sport
Baujahre: 1947 – 1952; *Motor:* Vierzylinder-OHV-Reihenmotor; *Hubraum:* 1089 cm³; *Leistung:* 66 PS; *Fahrwerk vorn:* Einzelradaufhängung, Querlenker, Blattfedern; *Fahrwerk hinten:* Starrachse, halbelliptische Blattfederung; *Gewicht:* 830 kg; *Speed 0 – 100 km/h:* 13 s; *Vmax:* 160 km/h

Obwohl äußerlich sehr attraktiv, fehlte dem ›Cisitalia‹ schlicht und ergreifend der notwendige Komfort, um als Tourenwagen bestehen zu können. Dabei war gerade das die ursprüngliche Idee des geschäftstüchtigen Dusio. Klugerweise holte er sich Pinin Farina – mit dem Ergebnis eines schicken Fließheck-Coupés.

Pinin Farinas Meisterdesign, nicht unähnlich dem des ›Maserati A6/1500‹, setzte mit modernen, glatten Kotflügeln und einer einfachen, aber wirkungsvollen Front-Heck-Gestaltung wie bei seinen frühen ›Ferraris‹ Maßstäbe. Unter der Typenbezeichnung ›202 Gran Sport‹ verkörperte dieses Auto die moderne Formensprache der späten vierziger Jahre: gut proportioniert, einfach, klar und von sachlichem Styling. Das ›Museum of Modern Art‹ in New York reihte den ›Cisitalia 203 Gran Sport‹ übrigens unter die zehn bestgestalteten Autos aller Zeiten ein und nahm ihn in seine permanente Ausstellung auf.

Da ein Cabrio in einer Straßenversion des Rennzweisitzers bald das ›Gran Sport‹-Coupé ergänzte, konnten Interessierte zwischen zwei Modellen wählen, je nachdem, ob sie nun 15.000 beziehungsweise 21.000 D-Mark für einen ›Cisitalia‹ anlegen wollten. Das waren stolze Preise für dieses kleine, fahrfreudige Auto, aber es fand seine Liebhaber. Dabei ist zu bedenken, dass 1949 ›Jaguars‹ Roadster ›XK 120‹ mit seinen sechs Zylindern und einer Spitzengeschwindigkeit von 190 km/h nur knapp die Hälfte kostete. Und für weniger als 10.000 D-Mark konnte man ja auch den ›Porsche 356‹ mit Einzelradaufhängung erwerben. Bedenkt man zudem die zahlreiche Verwendung von ›Fiat‹-Bauteilen, dann verwundert, dass die ›Cisitalias‹ ihre Käufer fanden.

Nicht allzu lange nach dem ersten Auftritt des Cabrios verhob sich Dusio finanziell völlig mit einem Auftrag für ›Porsche‹; es ging um einen Allrad-›Grand Prix‹-Rennwagen mit einem flachen Zwölfzylinder im Heck, Kompressor und vier obenliegenden Nockenwellen.

Unter dem Druck der Konkurrenz und der hohen Entwicklungskosten verlegte ›Cisitalia‹ die Produktion seiner Autos schließlich nach Argentinien. Sohn Carlo führte dort des Vaters Werk fort und legte noch ein paar wenige ›Cisitalia 202 Gran Sport‹ auf. Doch die Südamerika-Entscheidung bedeutete das Aus für einen Verkauf in Europa. Bald lebte der ›Cisitalia‹ nur noch in der Erinnerung seiner Fans.

Cisitalia 202 Gran Sport

Versprechen auf die Zukunft: De Tomaso

Alejandro De Tomaso, ein 1928 geborener argentinischer Rennfahrer, ging deshalb nach Italien, um dort, wie seine Landsleute Gonzáles, Fangio und Marimón vor ihm, mit den berühmten roten Rennwagen um Ehre und Anerkennung zu fahren, nachdem er bereits in den USA sein Glück gemacht hatte.

Ende der fünfziger Jahre gründete er die ›De Tomaso Automobili‹, eine kleine Spezialwerkstatt für exklusive Rennsportwagen. Dann, in den Sechzigern, wagte ›De Tomaso‹ den Schritt vom Rennautokonstrukteur zum Hersteller von Tourensportwagen und baute Prototypen, die ein großes Leistungspotential, aber keine Zukunft zu haben schienen.

Schon früh in den sechziger Jahren betrieb der temperamentvolle Argentinier regelmäßig seinen Stand auf dem Turiner Salon, wo er Selbstgebautes zur Schau stellte – Einzelstücke mit dem ewigen Versprechen auf Zukunft. Und so nahm auch kaum jemand Notiz, als er im November 1966 ein Mittelmotor-Coupé mit ›Ford‹-Motor vorstellte.

De Tomaso Mangusta

Plötzlich änderte sich alles: Der ›Mangusta‹ sollte die Grundlage für De Tomasos kleines automobiles Imperium bilden. Nomen est omen. Boshaft verkündete der Name, von welcher Art der Sportwagenneuling war, denn der Mungo, die wendige Schleichkatze, nahm es als eines der wenigen Tiere mit der gefährlichen Kobra auf. Genau so, nämlich die ›Cobra‹ von ›Shelby‹ zu stellen, lautete der Auftrag des in Modena gezüchteten »Raubtiers«.

Unterstützung erhielt De Tomaso durch die frühere amerikanische Rennfahrerin Isabelle Haskell, die Frau an seiner Seite. Vermögend und selbstbewusst, bündelte die Gattin seine diffuse Leidenschaft. Überdies erwarb sie die renommierte Turiner ›Carro-

De Tomaso Mangusta

zzeria Ghia‹, was sich als überaus praktisch erweisen sollte, denn
von ihr stammte denn auch der Aufbau des ›Mangusta‹. Dabei
war der »Mungo« nicht der erste straßenfähige Sportwagen von
›De Tomaso‹. Schlicht und brav ›Valencia‹ hieß der 1964 präsentierte ›Vallelunga‹, ein kleiner, offener Zweisitzer mit neuartigem
Chassis, unabhängiger Einzelradaufhängung mit Dreiecksquerlenkern und einem britischen 1,5-Liter-Vierzylinder von ›Ford‹
als Mittelmotor. Der Argentinier hoffte, das Modell komplett oder
in Lizenz an einen großen etablierten Hersteller veräußern zu
können. Doch daraus wurde nichts.

Der Wendepunkt kam 1965, als De Tomaso den jungen Giugiaro
überredete, ein neues Coupé für das ›Vallelunga‹-Projekt zu ent-
werfen. Dieses Modell fand auf Anhieb Resonanz beim Sportwa-

De Tomaso Mangusta
Baujahre: 1966 – 1971; *Motor:* Ford-USA-V8; *Hubraum:* 4728 cm³;
Leistung: 306 PS; *Fahrwerk vorn und hinten:* Einzelradaufhängung, Drei-
eckslenker, Schraubenfedern; *Gewicht:* 1185 kg; *Speed 0 – 100 km/h:* 6 s;
Vmax: 242 km/h

genpublikum sowie die Aufmerksamkeit der Fachwelt. ›Ghia‹ baute einige Prototypen, die aber von Anfang an Probleme mit der Instabilität und der Motoraufhängung aufwiesen. Das Modell geriet zum regelrechten Flop. Aber De Tomaso gab nicht auf. Er entschied sich, das Chassis grundlegend zu verbessern und mit einer getunten Version eines ›Ford V8‹ zu bestücken. Der amerikanische Rennwagenspezialist Pete Brock steuerte die offene Karosserie bei, mit der dann Ambitionen auf den Start beim ›12-Stunden-Rennen von Sebring‹ (1966) verbunden waren. Doch der Wagen kam nicht zum Einsatz. Maßlos enttäuscht, aber dennoch nicht entmutigt, ging De Tomaso zu ›Ghia‹, um ein neues Chassis zu fordern. Währenddessen hatte ›Bizzarrini‹ ein Mittelmotorchassis entwickelt, auf das ›Giugiaro‹ eine elegante Karosserie setzte. Dieser Stil gefiel De Tomaso so sehr, dass er sich daraus seinen ›Mangusta‹ schneidern ließ. Endlich, 1966 in Turin, konnte er seinen Traum als ›Ghia Mangusta‹ präsentieren. Ein toller Sportwagen, allerdings von der Art, welche die Anwesenheit von Passagieren als lästige Notwendigkeit betrachtet, so karg war die Kanzel bemessen – extrem flach, breit, windschlüpfrig, tiefgelegt und raffiniert. Besondere Beachtung fanden die extrabreite Fronthaube mit weitgefasstem Grill und zwei beziehungsweise vier Scheinwerfern, die wuchtigen Leichtmetallgussfelgen mit wahren Walzen von Sportreifen sowie das Fließheck. An einem in Fahrtrichtung verlaufenden Holm ließen sich zwei mächtige Teilhauben aufklappen, worunter eine großkalibrige, potenzschreiende»Dampfmaschine« zum Vorschein kam. Direkt verbunden mit dem Fünfganggetriebe von ›ZF‹, klemmte der ›Ford‹-Achtzylinder mit 4728 cm³ in Längsrichtung zwischen Rückenlehne und Hinterachse. Während die für den Re-Import in die USA vorgesehenen Achtzylinder unberührt den Rückweg antraten, versah ›De Tomaso‹ den brutal brodelnden kontinentalen ›V8‹ mit firmeneigenen gerifelten Zylinderköpfen und dem

Schriftzug der Autoschmiede. Für das notwendige Rückgrat sorgte ein unerschütterlicher Zentralträgerrahmen. Das ›Mangusta‹-Chassis galt als klassisches Beispiel für das Mittelmotorkonzept. Nicht gerade überraschend erwies sich die Kastenrahmenkonstruktion auf Dauer als zu instabil für den ruppigen ›V8‹. Übergewicht gefährdete die Sicherheit des ›Mangusta‹ noch zusätzlich. Auf Rat des talentierten ›Lamborghini‹-Technikers Gian Paolo Dallara versuchte man bei ›De Tomaso‹ dieses Manko durch größere Hinterräder auszugleichen, doch reichte das nicht, sondern begrenzte nur die Bodenfreiheit: Der ›Mangusta‹ neigte gefährlich zum Ausbrechen; mal untersteuerte, mal übersteuerte das Geschoss; und auf nasser, rutschiger Fahrbahn artete ein Ausritt in eine schweißtreibende Schwerstarbeit aus – Eigenschaften, die für den an ein Laienpublikum gerichteten Absatz eher hinderlich waren. Seine begrenzten Einsatzmöglichkeiten, verbunden mit seinen niederträchtigen Unarten, prädestinierten den ›Mangusta‹ denn auch praktisch ausschließlich für echte Sportwagenfahrer. Ohne wirkliche Rundumsicht, eng und laut, beherrschte er eine Paradedisziplin: Schnelligkeit. Für 250 km/h in wenigen Sekunden zahlten seine leidenschaftlichen Anhänger ohne zu zögern gut 25.000 D-Mark.

Als der ›Mangusta‹ 1967 in Serienfertigung ging, lagen über dreihundert Bestellungen vor, davon rund hundert aus Europa. De Tomaso war endgültig in Europa angekommen, hatte er doch letztlich auch hier sein Glück gefunden.

KÖNIG VON MARANELLO: FERRARI

Niemand konnte 1918 ahnen, dass aus dem Andenken an einen gefallenen Freund eines Tages das mythenumrankte Symbol einer der ruhmreichsten Automobilmarken aller Zeiten werden sollte. Enzo Anselmo Ferrari, Offizier der Gebirgsartillerie, lag gegen Kriegsende schwerkrank in einem Hospital und hielt ein Wappen mit einem sich aufbäumenden Pferd in der Hand. Das »Cavallino Rampante« war alles, was ihm von seinem Jagdfliegerkameraden Francesco Baracca geblieben war. Was nun? Nachdem Enzo Ferraris väterliches Erbe rasch aufgezehrt und die Suche nach Arbeit lange erfolglos geblieben war, bekam er eine Chance bei der Bologneser Firma ›Giovanni‹, für die er Militärlastwagen überführte. Doch das Glück neigte sich Ferrari zu, als er einige der berühmten Rennfahrer jener Zeit kennenlernte, so unter anderem die Brüder Nazzaro sowie Ugo Sivocci – und in den Rennsport einstieg.

Ferrari 250 GT California Spider / 375 America Coupé Pinin

Erste Erfahrungen mit Automobilen hatte der kleine Enzo bereits in der Mechanikerwerkstatt seines Vaters in Modena gesammelt. Am 1. Dezember 1929 gründete Ferrari gemeinsam mit Carlo Felice Trossi und Mario Tadini den Rennstall ›Scuderia Ferrari‹. Da ihm aufgrund eines Abkommens mit ›Alfa Romeo‹ der Bau eigener Rennwagen untersagt war, liefen seine ersten beiden Roadster unter der Bezeichnung seiner Werkzeugmaschinenfabrik. Erst 1946 kündigte der Commendatore von Maranello erstmals drei völlig neue Modelle unter seinem Namen an.

Unbestritten galten die ›Ferrari‹-Sportwagen der frühen Nachkriegsjahre als unbarmherzige Fahrmaschinen. Notdürftig bedeckten ihre Karosserien nur die allernotwendigsten Bauteile. Unerwartet erschien 1948 auf dem Autosalon von Turin mit dem ›166‹ ein Modell, das Geschichte schreiben sollte. Die Mailänder

Ferrari 250 GT SWB

Ferrari 275 GTB

›Carrozzeria Touring‹ hatte den offenen Aufbau gemäß dem patentierten Superleggera-Prinzip eingekleidet. Dieses Prinzip war zugleich einfach wie genial: Über einem Leiterrahmen aus elliptischen Chrom-Mangan-Rohren mit Kreuz- und Quertraversen errichteten die Konstrukteure ein Fachwerk aus extrem stabilen Stahlrohren, das zum Schluss mit Aluminiumblechen verkleidet wurde. Eine Radaufhängung aus parallelen Trapezquerlenkern mit einer in der Mitte hängenden Querfeder vorn sowie Starrachse mit halbelliptischer Blattfederung und Doppellenkern hinten wies die Richtung für die kommenden Jahre. Obwohl der ›Touring‹ in Erinnerung an Rennsportsiege auf der mythischen ›Mille Miglia‹ offiziell ›MM‹ hieß, nannte ihn jedermann »Barchetta« (»Kleines Boot«).

Ferrari 195 / 212

Um 1950 erhob der Alleinherrscher von Maranello – die ›Scuderia Ferrari‹ war nach der Zerstörung ihrer Betriebsstätte in Modena 1943 hierhin umgezogen – weitere Couturiers in den Rang von Hoflieferanten: Alfredo Vignale sowie Designer der ›Carrozzeria Ghia‹ kreierten fortan Maßanzüge für das »Springende Pferd«. Auf Druck des Wettbewerbs veranlasste Ferrari, den Original-›V12‹-›Colombo‹-Motor zunächst für den ›Typ 166‹ auf 1995 cm³ zu vergrößern, dann, 1950, von 60 auf 65 Millimeter mit 2341 cm³ sowie auf 68 Millimeter mit 2562 cm³ Hubraum; der Hub blieb mit 58,8 Millimetern bei allen Motoren gleich. Die »Ferraristi« gaben den Wagen mit den größeren Motoren die Bezeichnungen ›Typ 195‹ und ›Typ 212‹, wobei die ›Inter‹-Versionen ausschließlich auf der Straße, der ›195 Sport‹ und der ›212 Export‹ auch auf Rennveranstaltungen liefen.

Sowohl den Rahmen als auch die Radaufhängung, die Bremsen und die Lenkung übernahmen die Entwickler dem ›166MM‹. Entsprachen die Spurdimensionen und der Radstand ebenfalls dem des ›166er‹, gerieten die ›Inter‹-Modelle länger. Mit Ausnahme ihres größeren Hubraums glichen die Motoren des ›195er‹ wie auch des ›212er‹ exakt dem Zwölfender des ›166er‹. Bis 1953 bestückte ›Ferrari‹ die ›Inter‹ nur mit einem Doppelvergaser, die anderen mit einem ›Weber‹-Dreifachvergaser. Sie alle teilten sich ein Fünfganggetriebe und eine Einscheibentrockenkupplung.

Ferrari 195 / 212
Baujahre: 1950 – 1953; *Motor:* Colombo-V12-SOHC; *Hubraum:* 2341 *bzw.* 2562 cm³; *Leistung:* 130 – 180 PS; *Fahrwerk vorn:* Einzelradaufhängung, Blattfedern; *Fahrwerk hinten:* Starrachse, Zuglenker, Blattfedern; *Gewicht:* 785 – 1115 kg; *Speed 0 – 100 km/h:* unbekannt; *Vmax:* ca. 175 *bzw.* 195 km/h

Ferrari 195 Inter Touring

Damals fertigten die Sportwagenwerkstätten Serienmodelle auf
Bestellung. So konnte man flexibel die besonderen Wünsche der
finanzstarken Klienten berücksichtigen und dabei auf alle ver-
fügbaren technischen Komponenten zurückgreifen. Dieser Umstand war es, der das breite Karosserieangebot bei ›Ferrari‹ begründete: Von ›Touring‹ über ›Ghia‹, ›Ghia-Aigle‹, ›Pininfarina‹
und ›Vignale‹ reichte jetzt das Angebot. Nach harten internen
Auseinandersetzungen avancierten die letzten beiden zu ›Ferraris‹ Hauptlieferanten.

Während der Konzeption der neuen Modellreihe existierten
Überlegungen, die Auswahl auf zwei Karosserievarianten – Cabrio und Coupé – zu beschränken. Trotzdem ergaben sich zahlreiche Unterschiede in Technik und Design. Bis zum Pariser Autosalon (›Mondial de l'Automobile de Paris‹) des Jahres 1962 behielt ›Ferrari‹ die Rechtssteuerung bei und wechselte erst danach
mit einem ›Ghia‹-Coupé und einem ›Farina‹-Cabrio zu dem in
Rennen bewährten Konzept der Linkssteuerung. Praktisch und

Ferrari 250 Europa GT

schön, entwarfen ›Vignale‹ und ›Farina‹ die gewölbte, einteilige Windschutzscheibe, die erstmals bei den ›Berlinettas‹ Verwendung fand. Es dauerte nicht lange, bis Enzo Ferrari das Manko in seiner Modellpolitik erkannte und die Fertigung des »kleinen« ›195er‹ kurzerhand einstellte. Basta. Hauptgrund: Beide Modelle kosteten ungefähr das Gleiche – rund 20.000 D-Mark –, weshalb der ›195er‹ stets im Schatten des größeren ›212er‹ stand. Der wiederum fuhr Erfolg auf Erfolg bei den großen Rennen in Europa ein. Pagnibon und Barraquet, Taruffi und Marzotto, Villoresi und Scotti hießen hier die Sieger, während die Zweierteams Taruffi/Chinetti und Villoresi/Ascari im selben Jahr gar die ersten beiden Plätze bei der berühmt-berüchtigten ›Carrera Panamericana‹ belegten.

Nach dem Rennen ist vor dem Rennen, und für Enzo Ferrari zählte nur der nächste Sieg. So geriet der ›212er‹ binnen nur eines Jahres schnell in den Schatten der neuen, stärkeren ›340‹ und ›250MM‹.

Ferrari 250 Europa

Der Oktober 1953 wurde für ›Ferrari‹ zu einem Markstein. Mit den Baureihen ›166‹, ›195‹ und ›212‹ hatte die Edelblechschmiede eher tastende Schritte auf eine Seriensportwagenproduktion hin unternommen. Auf dem Salon in Paris machte sie mit gleich zwei neuen Modellen Ernst: Der ›250 Europa‹ und der ›375 America‹ sollten die unterschiedlichen Pole zwischen dem heißen Benzin- und Gummigeruch der Rennpiste und der kühlen Noblesse luxuriöser Autosalons versöhnen. Unverwechselbare Einzelstücke nach des Maestros Vorstellungen und industrielle Fertigung vertrugen sich dagegen nicht; nur die scheinbar überholte, unzeitgemäße Handwerkstradition verlieh jedem Fahrzeug einen eigenen Charakter.

Die Namen der beiden Neuen waren Programm und umrissen deutlich Enzo Ferraris Absicht, die grundverschiedenen Märkte mit speziellen Modellen zu befriedigen. Äußerlich kaum zu unterscheiden, grenzten sie sich durch abweichende Kenndaten ihrer Langblock-Zwölfzylinder voneinander ab, die einem ›Lampredi‹-Rennmotor entlehnt waren. Europas Käufer standen den auf Hubraumgröße bemessenen hohen Steuersätzen und ebenso hohen Benzinpreisen kritisch gegenüber, sodass sie wirtschaftlichere, kleinere Motorversionen bevorzugten. Dagegen schienen Motoren mit großem Hubraum für die USA angemessen, wo das Benzin billig war und Steuern nicht erhoben wurden. Trotzdem verließen nur siebzehn ›Europas‹ und dreizehn ›Americas‹ die Werkbank. Der erste ›Europa‹ mit der Seriennummer ›0295EU‹, der letzte ›America‹ mit der Kennzahl ›0355AL‹. Als Sportwagen wiesen sie nach ›Ferrari‹-Praxis ungerade Seriennummern auf; die geraden waren für Rennfahrzeuge reserviert. ›EU‹ wies auf Europa hin, während ›AL‹ für ›America Lungo‹ stand (Amerika-Modell mit langem Radstand). Fünf der dreißig Autos – vier Coupés und ein Cabrio – kleidete eine ›Vignale‹-Karosserie, ein Coupé trug einen ›Ghia‹-Überwurf, der Rest von ›Pininfarina‹ geschneiderte Karosserien. Während allen Coupés der beiden Modellreihen 2+2-Sitze zur Verfügung standen, traten die Cabrios und die ›Vignale‹-Coupés als reine Zweisitzer auf.

Die ›Europa‹-Versionen mit ›Pininfarina‹-Karosserie zählen wohl zu den schönsten Autos, die jemals unter diesem renommierten

---

Ferrari 250 Europa
Baujahre: 1953 – 1955; *Motor:* Lampredi-V12-SOHC; *Hubraum:* 2963 cm³; *Leistung:* 200 (220?) PS; *Fahrwerk vorn:* Einzelradaufhängung, Blattfedern; *Fahrwerk hinten:* Starrachse, halbelliptische Blattfederung; *Gewicht:* 1170 kg; *Speed 0 – 100 km/h:* unbekannt; *Vmax:* 185 – 228 km/h

Ferrari 250 Europa GT

Namen entstanden. In seinen Entwürfen nahm Pinin Farina den ›Ferraris‹ jegliches Monumentale, Dramatische und Aufgesetzte. Auf der anderen Seite schienen die ›Vignale‹-Karosserien den Wunsch der Käufer nach Prestige befriedigen zu wollen. Sie waren in erster Linie eine Arbeit von Giovanni Michelotti, der damit nicht nur eine schöne, sondern auch bizarre Karosserie auf den Markt brachte.

Aufgrund seiner sehr präzisen »quadratischen« Zylinder-Dimension – Bohrung und Hub betrugen 68 mal 68 Millimeter – ist der ›Europa‹-›V12‹ eine Rarität unter den ›Ferrari‹-Motoren. Zwar existieren über die PS-Leistung unterschiedliche Angaben, doch der markante ›250 Europa‹ festigte, obwohl er nur ein Jahr gebaut wurde, den Ruf von ›Ferrari‹ als Hersteller von exklusiven und exotischen Tourensportwagen.

123

Er war größer und komfortabler als die Vorgängermodelle und überzeugte auch diejenigen, die ›Ferraris‹ als überzüchtete, für den normalen Straßenverkehr lediglich angepasste Rennmaschinen ansahen: als zu laut, zu unkomfortabel und zu unpraktisch für den Alltag. Allerdings wirkte der ›250 Europa‹ durch seine Karosserie eher amerikanisch, und das war nicht gerade nach dem Geschmack der eingeschworenen alteuropäischen ›Ferrari‹-Käufer. Doch Enzo Ferrari hatte mit den Modellen den richtigen Schritt in Richtung Übersee getan. Vielleicht auch, weil sie mit ihrem ausladenden Volumen eher für breite Highways denn enge europäische Gassen geschaffen schienen, indes sie mit ihren drehfreudigen Motoren sowie dem vollsynchronisierten Getriebe leicht zu handhaben waren.

Ein ›Gran Turismo‹ machte dann 1954 im ›Grand Palais‹ zu Paris seine Aufwartung. Kompakter und wendiger als sein Vorgänger, warb er noch einmal mit verbessertem Fahrwerk und einem leichteren ›V12‹ von Gioacchino Colombo für die ›250 Europa‹-Serie. Doch diese Aktion sowie Einzelanfertigungen für gekrönte und ungekrönte Häupter zeugten zwar vom Gestaltungswillen des Commendatore, besiegelten aber trotzdem nur das Ende der famosen Baureihe.

Ferrari 250 GT / 250 GT Spider California

Aus und vorbei mit der Sturm-und-Drang-Phase. Von den typischen Kleinserienfahrzeugen der frühen Fünfziger mit wenig »Familienlook« bis zur breiten Palette verschiedener Modelle mit zwar unterschiedlichen Radständen, Motoren und Karosserien, aber dem gleichen Chassis und demselben Getriebe, verbargen ›Ferraris‹ Straßensportwagen ihren Wettbewerbscharakter nur mit einer dünnen Firnis. Mit dem ›250 GT‹ brachte ›Ferrari‹ nicht nur Ordnung in das Durcheinander, sondern den von der neuen betuchten Kundschaft erwarteten Komfort. Das erste Serienauto

Ferrari 250 GT California Spider

bekam das übliche Leiterrahmen-Stahlchassis mit Starrachsen-Blattfeder-Radaufhängung hinten, aber eine moderne Vorderrad-aufhängung mit Doppelquerstabilisatoren und Schraubenfedern. Unter der weit gezogenen Motorhaube rumorte die 3-Liter-Version des ›Colombo‹-›V12‹-Motors, eine Straßenversion des 1953er ›250MM‹-Rennaggregats.

Ferrari 250 GT/ 250 GT Spider California
Baujahre: 1954 – 1962; *Motor:* Colombo-V12-SOHC; *Hubraum:* 2953 cm³; *Leistung:* 220 – 280 PS; *Fahrwerk vorn:* Einzelradaufhängung, Schraubenfedern; *Fahrwerk hinten:* Starrachse, Parallelzuglenker, Blattfedern; *Gewicht:* 950 – 1275 kg; *Speed 0 – 100 km/h:* 7 – 8 s; *Vmax:* 200 – 248 km/h

125

Nachdem der Neue mit viel Vorschusslorbeeren empfangen wur-
de, ging ›Ferrari‹ mit Enthusiasmus an die Weiterentwicklung der
Modellpalette. Eine schicke ›Berlinetta‹, von Sergio Scaglietti in
Maranello geschneidert, wurde 1955 in Paris enthüllt, gefolgt ein
Jahr später von einem eleganten Stufenheck nach Entwürfen
Pinin Farinas, umgesetzt von der ›Carrozzeria Boana‹. Inzwischen
klassifizierte die ›Fédération Internationale de l'Automobile‹
(›FIA‹) diese ›Berlinetta‹ offiziell als ›GT‹-, als zu offiziellen Rennen zugelassenes Modell. Mit der sehr leichten Aluminiumkarosserie sah der ›250 GT‹ nicht nur rennfertig aus, nein, er war es
auch. Siege beim französischen Straßenrennen ›Tour de France‹
verliehen ihm den gleichlautenden Beinamen.
Im Jahre 1958 – Mario Boana arbeitete nun für ›Fiat‹; seine Firma
gehörte inzwischen Luciano Pollo und Ezio Ellena – führten die
neuen Besitzer die Produktion des Modells unter der Bezeich-

nung ›Ellena‹ fort, nachdem sie die Dachlinie leicht angehoben und einige andere Veränderungen vorgenommen hatten.

In Genf stellten die »Pferdezüchter« mit dem Cabrio auf ›250 GT‹-Basis dann ein weiteres Paradepferd in die Box, das noch im selben Jahr auf den Parcours ging. Bemerkenswert sind die Veränderungen der Motorisierung während der Bauzeit. Zudem erhielten 1959 die ersten ›Ferraris‹ ein Frischluftheizsystem, ebenso ein Novum wie die Zweischeibenkupplung. Das folgende Jahr bescherte Teleskopstoßdämpfer, bei Wärme hervorragend arbeitende Scheibenbremsen sowie einen Overdrive für das vollsynchronisierte Vierganggetriebe. Kein Zweifel, ›Ferrari‹ war mit diesem Modell in relativ kurzer Zeit einen weiten Weg gegangen. Dank der clever publizierten Rennsporterfolge und der technischen Entwicklungen galt die Marke Ende der fünfziger Jahre als Synonym für aufregende Hochleistungsautos mit unübertroffener Motorentechnik.

Enzo Ferrari aber war weit davon entfernt, sich auf dem erworbenen Ruhm auszuruhen. 1959 monierte die angesehene US-Zeitschrift *Sports Cars Illustrated* nicht ganz ohne Neid, die Italiener besäßen wohl das Erbrecht bei der Verteilung automobiler Schönheit. Dem war nicht zu widersprechen, denn gerade rollte ein die Sinne betörendes Automobil namens ›250 GT Spider California‹ auf den Markt – und das, nachdem zwei Jahre zuvor bereits das ›GT‹-Cabriolet den sonnenverwöhnten, superreichen Westküstenbummlern den Kopf verdreht und das Geld aus der Tasche gezogen hatte. Doch auf Anregung der ›Ferrari‹-Statthalter in New York und Kalifornien, Luigi Chinetti und John von Neumann, legte das italienische Haus eine Sonderedition auf: ein offenes Leichtgewicht, etwas sportlicher als die normale Version, für das Cruisen auf dem Küstenhighway Nr. 1 genauso geeignet wie für das Schaulaufen auf dem Ocean Boulevard oder das Brettern auf der Wüstenpiste im Death Valley.

Ferrari 275 GTB

Vom Gürtel abwärts ähnelte der ›Spider California‹ frappierend der ›Berlinetta Tour de France‹. Gewicht sparte man in Maranello durch den Einsatz von Aluminium an Motorhaube, Türen und Kofferraumdeckel. Wie bei der geschlossenen Version zeichnete ›Pininfarina‹ für die Form verantwortlich, während Sergia Scaglietti, der 1955 den ›375 Mille Miglia‹-Spider des berühmten Regisseurs Roberto Rossellini in seiner Designschmiede umbaute, für die Ausführung verantwortlich zeichnete. Die zweite Generation, auf dem Pariser Salon im Oktober 1959 vorgestellt, beschränkte sich dagegen auf technische Änderungen. Neben dem Kürzen des Radstands sowie Modifikationen an Zylindern und Zündkerzen wies der Motor jetzt 280 anstatt jenen 250 PS auf, die der Vorgänger eingebracht hatte. Bei den ›24 Stunden von Le Mans‹ 1959 demonstrierte der Neue mit dem ›North American Racing Team‹, welches Potential in ihm steckte. Aber Kunden wie

Starregisseur Roger Vadim oder seine Muse Brigitte Bardot scheuten sich eher, ein solch elegantes Luxusobjekt über eine Rennstrecke zu hetzen. Ihnen genügte die direkte Verbindung zur Sonnenseite des Lebens. Schriftstellerin Françoise Sagan wiederum wollte es ganz pur – und fuhr den ›Spider‹ barfuß.

Ferrari 275 GTB / 275 GTS

Die golden-verrückten Sechziger. Hippiezeit und Dolce Vita. Ungeniert verlangte eine hedonistische, noch nicht von Tempolimit und Ölknappheit geknebelte Generation nach Geschwindigkeit und Komfort. ›Ferrari‹ bot seiner Klientel beides: Leistung und Luxus. Auf dem 1964er Autosalon in Paris präsentierte Enzo Ferrari in einer aufsehenerregenden Vorstellung gleich zwei Möglichkeiten der Selbstverwirklichung – den ›275 GTB Fastback‹ und den ›275 GTS Spyder‹, beide mit neuartigem Chassis und zwei weiteren Novi: zum einen die unabhängige Einzelradaufhängung mit Querlenkern und Schraubenfedern, zum anderen ein Fünfganggetriebe mit Differential für ein hinteres Transaxle. Nach einer Dekade hatte das alte ›Colombo‹-Triebwerk ausgedient, um als 3,3-Liter-›V12‹ wiederaufzuerstehen. Dabei ergab der Inhalt jeder Verbrennungseinheit, natürlich gerundet, die neue Typenbezeichnung. Konnte der ›Spyder‹ 260 PS abrufen, lieferte das Coupé sogar 280 PS. Dieses ›GTB‹-Coupé sollte sowohl dem Renn- als auch dem Straßenbetrieb genügen, während der ›Spyder‹ ausschließlich als Tourensportwagen ausgelegt war. Wer dieses Geschoss richtig anheizen wollte, konnte ein Bund von sechs ›Weber‹-Vergasern anstatt der serienmäßigen drei homologierten Vergaser ordern. Das Schalten indes erforderte im Kaltzustand harten körperlichen Einsatz: Zwar verhinderte – erfreulich – das Verblocken von Fünfganggetriebe und Differential jegliches Durchdrehen der Hinterräder, andererseits ließ sich – weniger erfreulich – der Schaltstock im kalten Öl kaum rühren. 129

Die Serie besaß eine Stahlkarosserie mit Türen, Motor und Kofferraumhaube aus Aluminium. Auf Wunsch konnte aber auch eine komplette Aluminiumhaut geliefert werden. ›Campagnolo‹-Magnesiumfelgen ersetzten die nostalgisch schönen ›Borrani‹-Speichenräder, die ›Ferrari‹ nur noch auf Wunsch lieferte. Beide Typen erfuhren während ihrer Bauzeit nur unwesentliche Veränderungen. Die meisten Modifizierungen betrafen den ›GTB‹, dessen ›Serie II‹ 1965 beim Frankfurter Salon Premiere feierte. Es fehlten die Chromringe um die Plexiglasscheinwerferhauben und das Ausstellfenster in der Fahrertür. Dafür zeigte der Wagen jetzt außenliegende Kofferraumscharniere und einen auffälligen Wulst in der Motorhaube über den Vergasern. Einen Monat später erhielt er seine endgültige Form mit flacherer längerer Front und vergrößertem Heckfenster. Spötter sprachen von »Kurz- und Langnasen«, die dem Asphalt entlanghechelten. 1966 wurde dann die Kardanwelle, ein leidiges Problemchen, getauscht und der Geräuschpegel deutlich gesenkt.

Ausschließlich an gestandene, erfahrene Sportfahrer hatte sich schon im Frühjahr 1966 der ›275 GTB/C‹ gewandt. Die limitierte Auflage überzeugte mit extrem leichter Aluminiumkarosserie, speziell gefertigten Nockenwellen, Ventilen und Vergasern. Noch aufregender kam das 66er ›Berlinetta‹-Coupé ›275 GTB/4‹ daher. Unter seiner Haube saß ein 300-PS-Kraftwerk, das sich erst bei 8000 U/m den letzten Saft auspressen ließ. Bei diesem Flitzer bildeten Motor, Getriebe und Differential endlich eine perfekte Ein-

Ferrari 275 GTB / 275 GTS
Baujahre: 1964 – 1967; *Motor:* V12-SOHC (1964 – 1966) *bzw.* V12-DOHC (1966 – 1967); *Hubraum:* 3286 cm³; *Leistung:* 260, 280 *bzw.* 300 PS; *Fahrwerk vorn und hinten:* Einzelradaufhängung, Blattfedern; *Gewicht:* 1150 – 1335 kg; *Speed 0 – 100 km/h:* 6,2 – 7,5 s; *Vmax:* 240 – 260 km/h

Ferrari 275 GTB

heit. Ähnlich potent baute ›Scaglietti‹ im Auftrag des Amerika-
Importeurs den ›275 NART GTS/4 Spyder‹, von dessen zehn Modellen zwei nach Deutschland gingen, die übrigen in die USA.
Die ›275er‹-Serie unterstrich die ›Ferrari‹-Philosophie der letzten
Jahre: Ein ›Ferrari‹ war nicht mehr der spartanische Rennwagen,
sondern ein komfortabler, luxuriöser und edler ›GT‹. Aufgrund
ihrer Fahrwerkseigenschaften, der Ausgewogenheit und der kernigen Kraft waren diese ›Gran Turismos‹ nicht allein nur schnell
und wendig, sondern besaßen auch ein exzellentes Handling. Sie
eigneten sich sogar für »Sonntagsfahrer«: Jean Pierre Beltoise,
bekannter französischer Rennfahrer, fuhr an einem ganz gewöhnlichen Sonntagnachmittag einen 75-Kilometer-Testkurs auf
einer ganz gewöhnlichen Straße in 23 Minuten. Ein Schnitt von
193 km/h! Über Spritverbrauch wurde nicht geredet. Noch nicht.

Ferrari Dino 246 GTS

Ferrari Dino 246 GT / 246 GTS

›Dino‹. So hießen Rennwagen, Prototypen und vier Serien von Motoren: drei ›V6‹ und ein ›V8‹. Es waren Denkmäler, die Enzo Ferrari seit 1956 auf seine Art seinem viel zu früh verstorbenen Sohn setzte. Die Koseform des Namens Alfredo trug auch die Studie ›206 GT Speciale‹ von ›Pininfarina‹ 1965 in Paris, einem Chassis lediglich zum Anschauen, denn im Heck täuschte eine Attrappe einen echten Motor bloß vor.

Der funktionsfähige ›Dino Berlinetta GT‹, von ›Ferrari‹-Ingenieur Franco Rocchi konzipiert, nahm ein Jahr später in Turin das Thema erneut auf. Sein Zahlencode verriet einen 2-Liter-Sechszylinder. Die kompakte Maschine, Basis eines ›Formel 2‹-Treibsatzes, legte durch einige Retuschen in Maranello noch einmal um 20 auf über 180 PS zu.

Ferrari Dino 246 GT / 246 GTS
Baujahre: 1967 – 1973; *Motor:* Rocchi-V6-DOHC; *Hubraum:* 2418 cm³;
Leistung: 175 – 195 PS; *Fahrwerk vorn und hinten:* Einzelradaufhängung, Schraubenfedern; *Gewicht:* 1230 kg; *Speed 0 – 100 km/h:*
7,4 – 9 s; *Vmax:* 225 – 238 km/h

Wie beim Vorgängermodell lieferte ›Scaglietti‹ die Karosserie und
›Fiat‹ den ›V6‹-Doppelnockenwellen-Motor, quer zum Cockpit
und vor der Hinterachse eingefügt. Die Maschine war, wie die
neue Typenbezeichnung dokumentiert, durch Erweiterung von
Bohrung und Hub auf 2,4 Liter und 175 PS hochgezüchtet. Den
Motor, nun aus Gusseisen anstatt aus Leichtmetall zur Steigerung
der Zuverlässigkeit, stellten ›Fiat‹ und ›Ferrari‹ gemeinsam her.
Während in Maranello Techniker unter der Regie von Franco
Rocchi den unteren Teil aus Sumpf und Transaxle montierten,
baute der Gigant in Turin den Block, die Zylinderköpfe, Einlass-
krümmer und Zubehör und setzte den gleichen Motor wiederum
in seine ›Dinos‹ ein. Die bewährte Einscheibentrockenkupplung
mit Fünfgang-Transaxle und einer effektiven Hinterachsüberset-
zung brachte die Kraft auf die Hinterräder. Eine Zusammenarbeit
zwischen zwei so ungleichen Autoherstellern mag exotisch schei-
nen, beruhte aber auf harten, ökonomischen Fakten. 1969 kaufte
sich nämlich ›Fiat‹ bei ›Ferrari‹ ein – und redete bald mehr als
ein Wörtchen mit.
Mitte der siebziger Jahre ersetzten ›Campagnolo‹-Felgen mit fünf
Schrauben die originellen ›Chromodora‹-Schnellverschlüsse.
Zwei Jahre später folgte ein offenes Modell, der ›246 GTS‹, ein
Targa mit abnehmbarem Dach, kleinen Gucklöchern darin anstelle der hinteren Seitenfenster und festem Überrollbügel. Er
stand dem ›Berlinetta‹ weder in Wendigkeit noch in Beliebtheit
nach. Für einen Mittelmotorsportwagen war das Cockpit mit sei-

133

Ferrari Dino 246 GT

nen acht Elementen in einem ovalen Feld vor dem Lenkrad durchaus komfortabel zu nennen. Hingegen bemängelten sensible Zeitgenossen seine enorme Lautstärke und den erschütternden Geräuschcocktail aus geschäftigen Ventilstößeln, rasselnden Nockenwellenketten und heiser röchelndem Auspuff – ab 3000 Umdrehungen raspelte sich trotz weniger Zylinder die typische »Ferrari-Säge« in die Hörgänge.

In der Tat, mit etwas weniger als zwei Dritteln des Gewichts und der Hälfte des Kraftreservoirs eines ›Daytona‹ konnte der ›246er‹ dem großen Maranello-Cousin auf geraden Strecken nicht gefährlich werden. Aber auf kurvigen, engen Straßen nahm es dieser »Ferrari zum Anfassen« mit jedem Sportwagen seiner Zeit auf. Zuverlässig war er dazu – vorausgesetzt, seine Nockenwellenkette wies genug Spannung auf.

Trotz aller ›Ferrari‹-Zutaten blieben dem Wagen das typische Emblem und der Schriftzug vorenthalten. Ob dem ›Dino‹ die ›Ferrari‹-Familienzugehörigkeit wegen des »unwürdigen« ›Fiat‹-Vetters oder wegen der mageren sechs anstelle der hausüblichen zwölf

Zylinder verweigert wurde, bleibt unklar. Wie der Alleinherrscher von Maranello darüber dachte, ist nicht bekannt. Wenn Enzo Ferrari denn eine Erkenntnis hierzu hatte, nahm er sie 1988 als Geheimnis mit ins Grab.

ZU GROß FÜR SPEKTAKULÄRES: FIAT

Nur eine Gegenstimme verhinderte, dass am 1. Juli des Jahres 1899 ehrenwerte Männer die Automarke ›Siccat‹ aus der Taufe hoben. Stattdessen setzte sich im Turiner ›Palazzo Bricherasio‹ Signore Biscaretti di Ruffia mit seinem Vorschlag ›Fabrica Italiana Automobili Torino‹ durch, kurz ›Fiat‹. Giovanni Agnelli, der schneidige Kavallerieoffizier und erste Generaldirektor, hatte nichts dagegen und legte umgehend den Grundstein für die Firmenwiege am Corso Dante. Ganze fünfzig Mitarbeiter bauten den ersten ›Fiat‹, den ›Tipo A‹. Schnell avancierte das piemontesische Unternehmen zur führenden Industriemacht auf der Apennin-Halbinsel, und mit seinen hubraumstarken, oft mit Flugzeugmotoren bestückten Modellen der ›HP‹-Typenreihe zum gefürchteten Gegner auf den italienischen Rennstrecken, etwa auf den Straßen der ›Targa Florio‹. Conte Vincenzo Florio, nach welchem dieses sizilianische Langstreckenrennen benannt wurde, war übrigens ein guter Freund des ›Fiat‹-Bosses.

Spätere motorsportliche Einsätze konzentrierten sich auf publikumswirksame Wettbewerbe wie die ›Coppa d'Oro‹, die ›Targa Abruzzo‹ und vor allem die ›Mille Miglia‹. Auf der anderen Seite bescherte der ›Topolino‹ den Italienern ihren »Volkswagen«.

Dann kam der Krieg. Durch alliierte Luftangriffe auf die Werke von Lingotto und Mirafiori schwer getroffen, erholte sich der Konzern nur langsam, obwohl die Turiner mit dem ›1100er‹-Sportwagen bereits wieder die erste Nachkriegs-›Mille Miglia‹ prägten. Doch einen echten Überraschungscoup landete ›Fiat‹ auf dem Genfer Salon von 1952 mit dem aufregenden ›Otto Vu‹ …

Fiat 8V

Fiat 8V / Supersonic

Dieser ›Fiat‹ war schon zu seiner Hoch-Zeit eine Rarität. Bis heute blieb er der einzige Achtzylinder in der Geschichte des großen Konzerns. Für jene, die ausschließlich in kommerziellen Kategorien dachten, war der ›8V‹ zweifellos ein totgeborenes Kind. 1954, also zwei Jahre nach dem ersten Auftritt in Genf und einer mageren Ausbeute von 114 Exemplaren, sahen sich Skeptiker in der Tat bestätigt. Dabei gab es Anfang der fünfziger Jahre bei ›Fiat‹ durchaus realistische Überlegungen zu einem luxuriösen Sportwagen mit Absatzchancen vor allem auf dem US-Markt.

Ursprünglich stellte das schmale Auto ein Angebot an diejenigen dar, die sich keinen ›Alfa Romeo‹ oder ›Ferrari‹ leisten konnten, deren Enthusiasmus für das Automobil aber nicht am tristen Aussehen der Fließbandprodukte enden wollte. Zu diesem Zweck ersann »Dottore« Dante Giacosa, ein unkonventionell denkender Mann, der bereits an der Konzeption des ›Cisitalia Gran Sport‹-Coupés von 1948 beteiligt war, die Idee eines ungewöhnlichen Achtzylinders. Für den ›8V‹ setzte er zwei Vierzylinder-Motorblöcke in einem Winkel von 70 Grad auf ein gemeinsames Kurbelwellengehäuse – und fertig war das Modell eines ›V8‹ mit zwei Litern Hubraum.

Im Turiner ›Fiat‹-Alltag jener Zeit war man tagtäglich damit beschäftigt, dem italienischen Nachkriegsbürger wieder auf die Räder zu helfen, und so dauerte es nicht lange bis zum Stopp des Zukunftsprojekts. Doch das Triebwerk ging den Ingenieuren nicht aus den Köpfen; schließlich eignete es sich hervorragend für die damals höchst populäre 2-Liter-Rennklasse. So verfeinerte man die Grundkonzeption und leistete sich den Luxus, die Form des ›8V‹ im Windkanal des Polytechnikums zu Turin zu optimieren, lange bevor dergleichen gang und gäbe war.

Die Karosserie des Genfer Exponats bestand aus zwei aufeinandergesetzten Stahlblechschalen, die bei der Montage mit dem üblichen Rohrrahmen verschweißt wurden. Eine Seltenheit war auch die Abdeckung der Hinterräder (aus aerodynamischen Gründen). In einer anderen Version, die auf dem Turiner Autosalon von 1954

Fiat 8V / Supersonic
Baujahre: 1952 – 1954; *Motor:* V8; *Hubraum:* 1996 cm^3; *Leistung:* 105 – 127 PS; *Fahrwerk vorn und hinten:* Einzelradaufhängung, Schraubenfedern, Stabilisatoren; *Gewicht:* 930 kg; *Speed 0 – 100 km/h:* 10,4 s; *Vmax:* 186 – 207 km/h

vorgestellt wurde, bestand der ganze Aufbau aus fiberglasver-
stärktem Polyester. Interessant dabei: Zogen sich in der ersten
Ausführung die Einzellampen in die Spitzen der Kotflügel zurück,
stapelten sich später die Scheinwerfer jeweils schräg übereinander.
Auf dem Genfer Autosalon löste das Schaustück derartige Begeisterung aus, dass sich die Elite der italienischen Karosserieschneider auf das Objekt stürzte. Ob ›Zagato‹ oder ›Vignale‹, ob ›Pininfarina‹ oder ›Siata‹ – sie alle rissen sich um den Rohdiamanten,
um ihn dann spektakulär einzufassen.
›Ghia‹ wollte bei diesem Prestigewettbewerb nicht beiseite stehen.
Damals arbeitete Giovanni Savonuzzi bei der bereits 1921 gegründeten Traditionsfirma, die stets nur Einzelstücke und
Kleinstserien fertigte. Jener Savonuzzi schuf zwölf ganz besonders ausgefallene ›Supersonic‹-Karosserien, die neben den acht
für ›Fiat‹ bestimmten Konstruktionen auch ein ›Aston Martin‹-
und drei ›Jaguar‹-Fahrwerke schmückten. Wie einem Science-
Fiction-Film entsprungen, schien der elegant-geschmeidige
Raumgleiter auf Patrouillefahrt in die Zukunft zu gehen. Was den
Unterbau anbelangte, so griff man beherzt auf Serienteile des
›Fiat 1100‹ und auf die am Reißbrett verendete Entwicklungsstu-
die für ein militärisches Geländefahrzeug zurück. Alle vier Räder
waren einzeln aufgehängt – mit gekapselten Schraubenfedern
und Stabilisatoren sowie zusätzlichen Stoßdämpfern hinten.
Endlich konnte sich der in der Schublade wartende Antrieb be-
weisen. 105 PS in der Normalversion leistete der Achtzylinder,
dessen beide Zylinderreihen sich wegen des Winkels eher in die
Höhe denn in die Breite reckten, 115 PS in der Tuningstufe und
stattliche 127 PS in der verschärften Variante mit vier ›Weber‹-
Vergasern.
Auf der gesperrten Autostrada zwischen Mailand und Turin
schwang sich der Zweiliter bei Versuchsfahrten zu stolzen 207

km/h auf. Mittels eines langen gekröpften Hebels parallel zur

Lenksäule wechselte der Pilot die zunächst vier, später fünf synchronisierten Gänge. Um bequem schalten und walten zu können, musste der Fahrer seinen Sitz ziemlich weit zurückstellen – und saß dann genau in der Mitte der kargen Zelle, die er zudem mit dem Reserverad teilen musste.

Auf den Rennstrecken machte der flinke ›Fiat‹ »Bella Figura«. So belegten die Gebrüder Leto di Priolo 1954 bei der 21. ›Mille Miglia‹ bei den ›Gran Turismos‹ in der Klasse über 1600 Kubikzentimeter hinter einem ›Lancia‹ den zweiten Platz, und ein anderer ›8V‹ gewann im selben Jahr die 2-Liter-Klasse der Italienischen Meisterschaft in derselben Kategorie.

Anmerkung zum Schluss: Auf einer Genfer Auktion im Herbst 2006 erzielte ein Exemplar des ›Fiat 8V‹ gut 450.000 Euro. Willkommen in der Zukunft.

Fiat 8V

WAGEMUTIG UND AUFREGEND: ISO

Renzo Rivolta. Was für ein Name! Einen solchen würde man in einem Schauspielerlexikon suchen, aber nicht in einem Herstellerverzeichnis für Automobile. Und doch: In den fünfziger Jahren brachte der Mailänder Industrieboss ein seltsames Gefährt, einen Kabinenroller, unter das Volk, dessen leicht ulkige Erscheinung sich nur durch seine Zweckmäßigkeit rechtfertigte. Jede Verbindung zwischen der klitzekleinen Zweizylinder-›Isetta‹ von ›BMW‹ aus den fünfziger Jahren und dem großen ›Grifo‹ der Sechziger mag auf den ersten Blick absurd erscheinen, aber es gibt sie, und zwar in der Person Renzo Rivoltas, Gründer und Kopf der ›Iso S.p.A.‹ in Bresso bei Mailand. Ursprünglich, das heißt seit 1938, stellte die Firma Kühlschränke und andere elektrische Haushaltsgeräte her.

Angespornt durch den Erfolg der ›Isetta‹, stand Rivolta der Sinn nach Größerem, nach einem anspruchsvollen ›Gran Turismo‹, der klassische Schönheit, einnehmenden Charme und technische Delikatesse der italienischen Supersportwagenliga mit der ungehemmten Kraft amerikanischer Big-Block-Achtzylinder vereinen sollte. 1960 überzeugte Rivolta der britische ›Gordon GT‹-Prototyp. Er nahm ihn unter das Seziermesser, um sich dessen beste Ideen für einen 2+2-Leistungsportler »auszuleihen«, der dann 1962 als ›Iso Rivolta‹ das Licht der Autowelt erblickte.

Giotto Bizzarrini, der geniale Ingenieur und ›Ferraris‹ Mann für den ›250 GTO‹, wurde für die Chassiskonstruktion mit Adaption eines Big-Block-›Chevrolet‹-Motors engagiert. Kein Geringerer als Nuccio Bertone steuerte Karosserieentwicklung und -produktion, während das Design des ›Iso Rivolta‹ vom jungen Giugiaro stammte. Das Ergebnis der Teamarbeit konnte sich sehen lassen: ein elegantes, lang gestrecktes Stufenheck-Coupé mit Ganzstahlkarosserie – und einer Endgeschwindigkeit von 225 km/h. Ein

Iso Grifo

Teil der ›Rivoltas‹ wurde mit ›ZF‹-Fünfganggetriebe, ein anderer
mit dem ›T10‹-Vierganggetriebe der ›Corvette‹ von ›Borg Warner‹
beziehungsweise einer ›GM‹-Dreigangautomatik ausgerüstet.

Iso Grifo A3L / 7 Litri

Obwohl sich Produktions- und Verkaufszahlen des ›Iso Rivolta‹
im Kellerbereich hielten, gab Renzo Rivolta kurz darauf den Start-
schuss für ein noch wagemutigeres und aufregenderes Projekt.
Diesmal sollte der italienisch-amerikanische Mischling ein Erfolg
werden. Mit an Bord die üblichen Mitstreiter Giugiaro und Bertone. 1963 konnte man auf dem Salon von Turin bereits die un-
ausgereifte Frucht der Bemühungen besichtigen, und 1965 war
der neue ›Grifo A3L‹ endlich produktionsreif. Der Greifvogel gefiel

141

Iso Grifo

sofort. Seine flache, raubtierhaft geduckte, nur 120 Zentimeter hohe Stahlkonstruktion glänzte mit einem großen Fastback-Heck, riesigen Lufteinlässen, breitem, zweiteiligem Grill und langer Motorhaube. Komponiert aus den Zutaten vieler Zulieferer, stammte aus dem Hause ›Iso Rivolta‹ lediglich der absolut verwindungssteife Kastenrahmen aus geschweißtem Pressstahl. Wahlweise wurde die bärenstarke 5,4-›V8‹-Liter-Maschine der ›Corvette‹ mit 300 beziehungsweise 365 PS angeboten. Mit 260 km/h Spitzengeschwindigkeit ließ er sich von keinem der etablierten Renn-Italiener den Schneid abkaufen. Im Gegenteil: Der Motorimmigrant war im Gegensatz zu manch einheimischem

Iso Grifo A3L / 7 Litri
Baujahre: 1964 – 1974; *Motor:* Chevrolet-V8-Turbo-Fire *bzw.* Chevrolet-427-V8; *Hubraum:* 5359 *bzw.* 6996 – 7443 cm³; *Leistung:* 300, 365 *bzw.* 405 PS; *Fahrwerk vorn:* Einzelradaufhängung, A-Arm- *bzw.* Doppeldreieckslenker, Schraubenfedern; *Fahrwerk hinten:* De-Dion-Achse, Watt-Gelenk, Schraubenfedern; *Gewicht:* 1390 –1623 kg; *Speed 0 – 100 km/h:* 5,5 – 6,4 s; *Vmax:* 225 – 280 km/h

»Blaublüter« extrem belastungsfähig und langlebig. Jeder ›V8‹ aus Übersee schöpfte seine Leistung mit unübertroffener Robustheit aus dem Hubraum, nicht aus der Drehzahl, und war deshalb den kapriziösen zwölfzylindrigen Drehorgeln ebenbürtig.

Ein Jahr nach dem Tod des Firmengründers führte Sohn Piero das Unternehmen in der Tradition seines Vaters fort. In einer großkalibrigen Superversion mit sieben Litern Hubraum mobilisierte der 1967er-›Grifo‹ etwas mehr als unglaubliche 400 PS. Gekrönt wurde das Kraftpaket mit einer Hutze auf der Motorhaube, die Platz für das Aggregat und eine effektivere Kühlung schuf. Ferner: Mit 280 km/h erreichte der bösartig dreinschauende ›Grifo‹ eine für damalige Zeiten aufsehenerregende Höchstgeschwindigkeit.

Wie geplant, erwies sich Bizzarrinis Fahrwerkskonstruktion als sicher, fahrstabil und extrem wendig. Doch allem Lob zum Trotz standen die Bänder viel zu oft still. Das Hauptproblem der Marke ›Iso Rivolta‹ wurzelte im fehlenden Prestige und im Snob-Appeal all der ›Ferraris‹, ›Maseratis‹ und ›Lamborghinis‹.

In den Siebzigern führte ein karosseriekosmetischer Eingriff zu einer tiefer gelegten Nase und versenkbaren Scheinwerfern. Es sollte ein letztes Aufbäumen bleiben. Die aufziehende Energiekrise von 1973 traf ›Iso Rivolta‹ besonders hart. Bis zum endgültigen Aus im Jahre 1974 verließen 412 Exemplare, darunter 90 ›7 Litri‹ inklusive der 20 ›CanAm‹ mit ihren 400 PS, die Werkhalle in der Via Vittorio Veneto 66 von Bresso.

VOM TRAKTOR ZUM STIER: LAMBORGHINI

Es begann wie im Märchen. Es war einmal ein Mann, der war so sauer auf seinen ›Ferrari‹, dass er beschloss, ein eigenes, ein besseres Auto zu bauen. Ferruccio Lamborghini war sein Name, und der Legende nach verweigerte der Alleinherrscher in Maranello dem stolzen Mann aus Sant'Agatha Bolognese eine Audienz, auf der Landsmann Lamborghini doch nur seine Verbesserungsvorschläge unterbreiten, ja einfordern wollte. 1962 war das.

Unmittelbar nach dem Zweiten Weltkrieg hatte er zunächst die Fahrzeuge der Nachbarn repariert, ehe er aus alten Militärfahrzeugen eigenwillige, starke Zugmaschinen für die Landwirtschaft zusammenbaute und nebenbei einige ›Fiat 500‹ frisierte. Später stellte er Traktoren, also nicht gerade schnelle Luxusgefährte her. Doch aus diesem Geschäft sprudelte jenes Geld, das nötig war, um seinen ehrgeizigen Traum Wirklichkeit werden zu lassen. Lamborghini gab sich gar nicht erst mit Kleinigkeiten ab, sondern errichtete zunächst gleich ein komplett neues Werk in Sichtweite seines Feindes. Im gerade einmal dreißig Kilometer entfernten »Ferrari-Land« staunte man nicht schlecht. Lamborghini wusste genau, was er wollte, konnte es aber nicht auf Entwurfpapier brin-

Lamborghini 350 GT

gen, und so holte er die Besten der Besten. Bizzarrini wirkte zwar schon am ›Iso‹ und seinem eigenen Sportwagen, aber das Geld und die Aufgabe reizten. Ferruccio Lamborghinis Traum war ein schnittiges, zweisitziges Coupé, das so viele einzigartige Elemente wie möglich vereinen und den erklärten Gegner ›250 GT‹ schlagen sollte. So entschied er sich gegen den Import und für einen eigenen Motor. Bizzarrini lieferte einen modernen 60-Grad-›V12‹ mit obenliegenden Nockenwellen.

Lamborghini 350 GT / 400 GT

In dem Prototyp mit eigenem Zwölfzylinder-Aggregat, das sich, notabene!, unter dem Blechkleid eines ›Ferrari 250 GT‹ verbarg, jagte der Chef persönlich über die norditalienischen Straßen. Auf dem Prüfstand fauchte die Maschine 360 bissige PS. Zu viele, zu nahe am Rennwagen, befand Lamborghini und beauftragte den noch jungen Gian Paolo Dallara mit der Angleichung an einen ›Gran Turismo‹. Dazu passte hervorragend ein Frontmotorchassis mit unabhängiger Einzelradaufhängung; ›Girling‹-Scheibenbremsen mit Servobremskraftverstärker ergänzten das Set. Im Frühjahr 1963 engagierte Lamborghini Dallara endgültig als seinen Oberaufseher und machte ihn zum Direktor der ›Lamborghini S.p.A‹. Eine ausgezeichnete Wahl, denn Dallara war nicht nur ein ›Ferrari‹-Mann, sondern kannte auch den ›Maserati‹-Stall, verfügte also über einmalige, überlebenswichtige Kenntnisse sowie über Erfahrung mit Supersportwagen.

Lamborghini 350 GT / 400 GT
Baujahre: 1964 – 1968; *Motor:* V12-DOHC; *Hubraum:* 3464 *bzw.*
3929 cm³; *Leistung:* 280 *bzw.* 320 PS; *Fahrwerk vorn und hinten:*
Einzelradaufhängung, Doppelquerlenker, Schraubenfedern; *Gewicht:*
1020 – 1450 kg; *Speed 0 – 100 km/h:* 6,8 – 7,5 s; *Vmax:* 240 – 250 km/h

Im Sommer 1963 war der überarbeitete Motor endlich einsatzbereit und mit einem ›ZF‹-Fünfganggetriebe verkuppelt. 280 PS stellte jetzt der Zwölfzylinder mit sechs horizontalen ›Weber‹-Vergasern bereit. Darüber legte man zunächst das Blechkleid von Franco Scaglione, einem Ex-›Bertone‹-Mann. Leider sah es mit seinen Anleihen beim ›Aston Martin DB4 GT‹ von ›Zagato‹ und dem ›Jaguar E-Type‹-Coupé aufgeblasen und überzeichnet aus. Bis zum Beginn der Produktion im Jahre 1964 entrümpelte dann ›Touring‹ in Mailand die Unstimmigkeiten und erarbeitete ein eigenes Profil. Als ›3500 GT‹ startete das Modell mit seinen Froschaugen auf dem Genfer Salon.

Dreizehn Modelle wurden in kurzer Folge ausgeliefert, doch entgegen jedem Aberglauben erwies sich die Zahl als Glücksbringer. Als seine Fähigkeiten – hervorragende Straßenlage und durchzugsstarker Motor mit einer Spitze von 240 km/h – durchsickerten, sahen viele Käufer den Neuen als Alternative zu »Ferrari & Co.«. 1966 folgte der leistungsstärkere Bruder ›400 GT‹ mit einem 4-Liter-Hubraum, 320 PS und einer durchbrochenen Schallmauer bei 250 km/h. Wiederum hatte ›Touring‹ die Karosserie verfeinert, indem er den »Großen« mit vier runden Scheinwerfern ausstattete, einem höheren, vergrößerten Rückfenster und für die Kopffreiheit eine etwas angehobene Dachlinie wählte, sodass sich der ›400er‹ deutlich von seinem älteren Bruder unterschied. Beide Modelle hatten zwei Notsitze an Bord, deren Schalen man niemandem wirklich empfehlen konnte. Dafür verrichtete ›Lamborghinis‹ eigenes Fünfganggetriebe seine Aufgabe wesentlich leichter als das bisherige von ›ZF‹.

Anfang 1966 spendierte ›Lamborghini‹ dem ›350 GT‹ ebenfalls einen 4-Liter-Motor. Warum, blieb unklar. Ein Jahr später kam dann die Produktion des ›350 GT‹ dennoch zum Stehen. Der ›400er‹ lief noch bis 1968 vom Band, und trotz des Zusammenbruchs der ›Carrozzeria Touring‹ war allen in der Szene klar: Der

Lamborghini Miura

Stier hatte das springende Pferd auf die Hörner genommen. Und er würde nie mehr davon ablassen …

Lamborghini Miura / Miura S / Miura SV

Der ›Lamborghini Miura‹ war und bleibt eines dieser hinreißend schönen, seltsam berührenden Superautos, und es schlug in der automobilen Welt ein wie eine Bombe, allerdings mit Zeitzünder. Denn 1965, auf der Turiner Schau, bekamen die Besucher zwar ein bezaubernd aussehendes Chassis zu sehen, aber es rollte mit einem Spenderherz. Um der Show willen hatten Ferruccio Lamborghinis Haustechniker einfach den überproportionierten ›V12‹-Langblock ins Heck verpflanzt. Im folgenden Jahr erschien

Lamborghini Miura / Miura S / Miura SV
Baujahre: 1966 – 1973; *Motor:* V12-DOHC; *Hubraum:* 3929 cm³;
Leistung: 350 bzw. 370 bzw. 385 PS; *Fahrwerk vorn und hinten:*
Einzelradaufhängung, Doppelquerlenker, Schraubenfedern,
Stabilisatoren; *Gewicht:* 1290 – 1305 kg; *Speed 0 – 100 km/h:* 4,5 – 7,5 s;
Vmax: 225 – 285 km/h

der ›Miura‹ aber auf dem Salon in Genf in einer ›Bertone‹-Krea-
tion nicht nur bestangezogen, sondern endlich mit dem perfekt
sitzenden ›V12‹-Mittelmotor ausstaffiert. Schnell setzte die faszinierende Technik und das aufsehenerregende Design des ›Miura‹
automobile Meilensteine, und die Kundschaft rannte ›Lamborghini‹ buchstäblich die »Hütte« ein.
Exakt 765 der hüfthohen Coupés sollten bis Ende 1972 die Werkstätten in Sant´Agatha Bolognese verlassen. War der kaum zu
bändigende ›V12‹-Mittelmotor schon exotisch genug, so war der
Einbau in Querrichtung geradezu revolutionär. Das sollte ein Auto
für die Straße sein? Niemals. Doch Ferruccio Lamborghini be-
kehrte seine Kritiker und überzeugte sie vom kompletten Gegenteil. Allerdings konnte der ›Miura‹ ein Problem nicht verbergen:
Er verweigerte den Gehorsam, wenn er in den Bereich seiner Spitzengeschwindigkeit, immerhin 273 km/h, vorwärts stürmte.
›Bertone‹-Designer Marcello Grandini musste eine Sternstunde
gehabt haben, als er die Linien des ›Miura‹ auf das Zeichenbrett
warf. Enzo Ferrari, so heißt es, jagte daraufhin seine Designer
wutschnaubend wieder an ihre Skizzenblocks. Abgesehen von der
Karosserie und dem Motor, war der ›Miura‹ jedoch ein ganz und
gar irdisches Motorwesen der sechziger Jahre. Sein Chassis bestand aus einer vorgefertigten, konventionellen, trotz ihrer Größe
relativ leichten Bodengruppe. Einzelradaufhängung rundum mit
Doppeldreieckslenkern, Schraubenfedern und Stabilisatoren war
148 auch nicht außergewöhnlich, sondern erwartete man, genau wie

Scheibenbremsen und Zahnstangenlenkung, einfach von einem Luxussportler.

Der ›Miura‹ fuhr, wie er aussah – aufregend. Front- und Heckpartie bestanden aus einteiligen, voll ausklappbaren Teilen. Dadurch geriet der Zugang zu Motor und Getriebe kinderleicht. Dieser Rennstier entpuppte sich als reinrassiger zweisitziger ›GT‹ mit extremer Beschleunigung und schwindelerregender Höchstgeschwindigkeit, war jedoch nicht frei von Macken; jene »Eigenschaften« hatte er mit zahlreichen etablierten Konkurrenten seiner Klasse gemein. Hatte man den ersten Gang in den dafür reservierten Schlitz der offenen Schaltkulisse gelegt, gab es kein Zurück. Bis weit in den Grenzbereich fuhr er neutral – um dann mit einem Mal unvermittelt sein Hinterteil auszukeilen. Lästig, aber harmlos machte sich wiederum die mangelnde Luftzirkulation im engen und lauten Inneren bemerkbar.

Beim Ritt in einem ›Miura‹ war der Gentleman gehalten, sein Jackett schon vor Fahrtbeginn abzulegen. Doch hier ging es um Sport. Wen interessierte der gänzlich fehlende Kofferraum, wenn die Nylons der Beifahrerin sich langsam wellten? Blick nach hinten? Wozu, wenn das Ziel vorne lag? Die gut betuchte Klientel wollte das beste Seriensportauto der Welt fahren und nahm dafür die wenigen Ungereimtheiten – etwa die ab Tempo 150 nicht mehr zu gebrauchenden Klappscheinwerfer – klaglos in Kauf.

»Welcher Lebenskünstler verbringt seine Nächte schon im Auto«, kommentierte achselzuckend Ferruccio Lamborghini das kritisierte Manko. Unbestritten faszinierte die aggressiv-lässige Ausstrahlung des Rennstiers, stellte sich das schaurig-schöne Gefühl beim Anlassen ein, verwandelte sich bei über 200 km/h die Angst von Sekunde zu Sekunde in schmerzlose Sucht.

Doch nicht genug für Maestro Lamborghini. 1970 musste der »normale« ›Miura‹ dem ›S‹-Modell weichen, und am Ende der ›Miura‹-Ahnenreihe flog der ›SV‹ mit 385 PS und einer Top-Geschwindigkeit von 273 km/h über den Asphalt. Enzo Ferrari ließ mit dem ›Daytona‹ sein schnellstes Pferd gegen den Stier antreten, doch auch dieser Widersacher konnte dem ›Miura‹ nicht Paroli bieten. Wer sich hingegen immer noch untermotorisiert fühlte, durfte mit der rund 300 Kilogramm leichteren, aber 440 PS starken Rennsport-Version an der 300er-km/h-Marke kratzen. Seinen Meister fand der ›Miura‹ erst im eigenen Haus – im ›Countach‹ …

Lamborghini Countach LP400 / LP400S / LP500S / LP5000S QV

Er betrat die Bühne als ein janusköpfiges Geschöpf, zugleich die Schöne und das Biest, in dessen zerklüfteter Karosserielandschaft sich Schlichtheit und Extreme umarmten. Anfang der siebziger Jahre hatte der ›Miura‹ den absoluten Höhepunkt seiner Karriere

erreicht. Bei ›Lamborghini‹ in Sant'Agatha Bolognese wusste man
um diesen Umstand ebenso wie draußen bei der Konkurrenz. Nur
ein neues Automobil der Superlative konnte den Gladiatoren-
kampf der Moderne gewinnen. Wie der Beginn eines neuen Zeit-
alters erschien den Zeitgenossen deshalb ein 1971 enthüllter Prototyp. So etwas wie den ›Countach‹ – ein dem Piemontesischen
entlehntes Gossenwort für »Nonplusultra« oder »Nicht übertreff-
bar« – hatte man noch nie zuvor gesehen. Ein kompromisslos fla-
cher, kantiger Keil, der, so schien es, den Wind betrügen und zugleich auslachen wollte. Als schroffer Hohepriester der Sportwa-

Lamborghini Countach LP400

gen zelebrierte der ›Countach‹ den magischen Kult des reinen Fahrens. Leiden gehörte dazu. Gefangen zwischen der Höllenhitze des dröhnenden Zwölfzylinders und der Sonnenglut jenseits der riesigen flachen Frontscheibe gab es kein Entrinnen. Im Nacken dröhnte, donnerte und zerrte das ungestüme Triebwerk, während der Pilot mit feuchten Handflächen vor dem Gangeinlegen ein Stoßgebet gen Himmel schickte.

Die Ingenieure um Cheftechniker Paolo Stanzani kreierten einen hochelastischen, extrem leistungsbereiten Zwölfzylinder, der stoisch den zähen innerörtlichen Verkehrsbrei ertrug – um dann wenige Minuten darauf vor den Toren der Stadt befreit mit 300 km/h dem Horizont entgegenzustürmen. Flankiert von Getriebe und Differential, lag das Antriebsungetüm mit dem Vorteil der direkten Kraftübertragung vom Cockpit zur Maschine in Fahrtrichtung, was die Typenbezeichnung ›LP‹ (›Longitudinale Posteriore‹) erklärt. So konnte Stanzani das Auto kurz und, wegen der horizontal gruppierten sechs ›Weber‹-Vergaser, niedrig halten.

Mit Ausnahme des berühmten ›Lamborghini‹-Kraftwerks war der ›Countach‹ ein unvergleichliches Auto: Die Sportwagenbauer wählten anstelle des Stanzstahlchassis ein komplexes Rohrrahmengehäuse, und statt normaler Türen schwangen die des ›Countach‹ wie Flügel nach oben. Marcello Gandini aus dem Team des Altmeisters Nuccio Bertone gestaltete das ultramoderne, geometrisch definierte und von der Philosophie des Unmöglichen

Lamborghini Countach LP400 / LP400S / LP500S / LP5000 QV
Baujahre: 1974 – 1978; *Motor:* V12-DOHC; *Hubraum:* 3929 – 5167 cm³; *Leistung:* 375 – 455 PS; *Fahrwerk vorn:* Einzelradaufhängung, A-Arme, Schraubenfedern, Stabilisatoren; *Fahrwerk hinten:* Einzelradaufhängung, A-Arme, Zuglenker, Doppelschraubenfedern, Stabilisatoren; *Gewicht:* 1390 – 1623 kg; *Speed 0 – 100 km/h:* 5 – 7 s; *Vmax:* 233 – 295km/h

Lamborghini Countach LP5000S QV

beeinflusste Design. Ob er die Uridee kannte, den ›Alfa Carabo‹ von 1968? Und wenn: Der ›Lamborghini‹ zeigte sich nicht nur schnörkellos und kraftvoll, sondern zugleich paradox vernünftig mit seinen funktionalen Spoilern, Öffnungen und Nischen. Gepäckraum? Fehlanzeige. Mit dem ›Countach‹ wollte man nicht verreisen, sondern fahren.

Obwohl der Prototyp einen 5-Liter-›V12‹ offerierte, wurde dem ersten, unter der Typenbezeichnung ›LP‹ bekannten Serien- ›Countach‹ nur ein 4-Liter-Aggregat genehmigt. 1974 startete der Verkauf. 23 Käufer erwarben ein superexklusives Auto, jedes ein käufliches Abenteuer mit 233 km/h Spitze, das brachial von 0 auf   153

100 in weniger als sieben Sekunden beschleunigte. Ungeschminkt forderte der ›LP400‹ extremes Können vom Piloten. Im Gegenzug bot er pures Pistengefühl mit Gänsehaut. Neben der richtigen Einstellung zu solch einem Auto musste der Fahrwillige sportliche Fähigkeiten und seelische Festigkeit mitbringen. Schon der Einstieg in das nur 107 Zentimeter hohe Geschoss erforderte Gelenkigkeit: Man schwang sich über einen breiten Schweller, sank kurz über dem Asphalt in die Sitzmulden, um mit beiden Händen in den Himmel zu greifen und das Dach zu sich herunterzuziehen. Jetzt war man mutterseelenallein – und hatte den Blick frei auf das Asphaltband.

Durch die Verjüngungskur nach vierjähriger Erfolgszeit – heraus kam der ›LP400S‹ – verlor der ›Countach‹ nichts von seiner Bösartigkeit. Gian Paolo Dallara war nach kurzer Selbstständigkeit wieder ins ›Lamborghini‹-Team eingestiegen und überwachte die Modernisierung, die sich auf eine modifizierte Radaufhängung, Fünflochfelgen, Radkastenverbreiterung und einen Frontspoiler beschränkte. Wunschweise wurde ein breiter, leitwerkähnlicher Heckspoiler geliefert. Immer strenger ausgelegte Abgaswerte in den USA und zunehmend auch in Europa zwangen ›Lamborghini‹ 1982, den Hubraum auf 4,75 Liter zu vergrößern. Verharrte beim neuen ›LP500S‹ die Leistung noch bei 375 PS, versuchten sich die Techniker des ›LP5000S Quattrovalvole‹ mit vier Ventilen pro Zylinder und einem Hubraum von 5167 cm^3 der Konkurrenz vor allem durch ›Ferrari‹ zu erwehren. Erfolgreich, nämlich mit sagenhaften 295 km/h, holte sich die 455 PS starke ›Lamborghini‹ den Serienwagenweltrekord zurück. Das musste natürlich bezahlt werden: Mit der Leistung stieg der Preis auf rund 244.500 D-Mark in der Serienausstattung.

Der letzte ›Countach‹ machte am 4. Juli 1990 Platz für den ›Diablo‹. Seitdem erwartet die Schar der ›Lamborghini‹-Jünger mit jedem neuen ›LP‹ die Wiederkehr des verloren geglaubten Sohnes.

Maserati A6G CS Berlinetta

IM ZEICHEN DES DREIZACK: MASERATI

Sechs Söhne hatte der Lokomotivführer Rodolfo Maserati. Einer,
Mario, wendete sich der Malerei zu. Fünf aber blieben dem ver-
erbten Geschwindigkeitsrausch treu und gründeten am 1. Dezember 1914 die Firma ›Società Anonima Officine Alfieri Maserati‹ in
Bologna, allerdings noch nicht als Automobilhersteller, sondern
als Produzenten von Zündkerzen. Carlo, Primus inter pares, war
der erste der Fratelli Maserati mit einer Neigung zum Rennsport.
Unter der Obhut des Motoren- und Automobilherstellers ›Isotta
Fraschini‹ konnte er sein Talent als Konstrukteur und Rennfahrer
nachhaltig entfalten. Als er mit 29 Jahren starb, trat Alfieri das
Erbe des brillanten Bruders an und führte das Familienunternehmen zu neuen Ufern.

155

Mit dem ersten Sieg bei der Italienischen Markenmeisterschaft, errungen 1927, verschaffte sich die Firma mit dem Dreizack im Logo die anerkannte Mitgliedschaft in der Prima Division der Sportwagen. Auch danach stach der »Trident« die Konkurrenz in unzähligen Rennen aus. Die motorsportlichen Erfolge waren die eine Seite der Medaille. Aber es gab noch eine zweite, eine wirtschaftliche: ›Maserati‹ fiel es zunehmend schwerer, seinen Verpflichtungen gegenüber Gläubigern nachzukommen. Grund war die fehlende Produktion von Personenwagen. Durch die Bekanntschaft mit dem Werkzeugmaschinenfabrikanten Adolfo Orsi aus Modena wendete sich das Blatt, denn der ehrgeizige Industrielle, dem schon der Rennstall der ›Scuderia Ferrari‹ gehörte, verleibte sich 1937 den Familienbetrieb der Maseratis ein. Den Brüdern blieb nur das »modenaische Exil« – ein Arbeitsplatz in den von Orsi bereitgestellten Fabrikhallen …

Maserati 3500 GT Cabriolet

Maserati A6G / A6G 2000

Die »babylonische Verbannung« endete 1947 mit der Auflösung
des Orsi-Vertrags und der Trennung der Fratelli Maserati von
dem Industriellen. Während Ettore, Ernesto und Bindo in Bologna die Marke ›Osca‹ aus der Taufe hoben, überraschte Alfredo
Massimo, nun Chefkonstrukteur der früher nur am Rennerfolg
orientierten Dreizack-Marke, mit dem ersten Serienmodell selbst
Optimisten. Zwar war es noch ein weiter Weg vom ›A6G‹ bis zum
ersten Superauto, dem ›3500 GT‹, doch mit Sicherheit der Schritt
in die richtige Richtung.

Maserati A6G / A6G 2000
Baujahre: 1951 – 1957; *Motor:* Sechszylinder-OHC-Reihenmotor;
Hubraum: 1954 *bzw.* 1985 cm³; *Leistung:* 100 bzw. 150 PS; *Fahrwerk
vorn:* Einzelradaufhängung, Doppeldreieckslenker, Schraubenfedern;
Fahrwerk hinten: Starrachse, Blattfedern; *Gewicht:* 850 kg;
Speed 0 – 100 km/h: 10 – 13 s; *Vmax:* 160 – 195 km/h

Maserati 3500 GT Coupé Zagato

Zwischen 1951 und 1957 gab es zwei ›A6G‹-Serien. Beide beruhten auf einer Weiterentwicklung des ›A6‹-Chassis, einer simplen, robusten Rahmenkonstruktion, angetrieben von Sechszylinder-Maschinen, in denen eine Nockenwelle einsam ihr Werk verrichtete. Nur der spätere ›A6/2000‹ konnte einen veränderten Doppelnockenwellenmotor vorweisen. Um mit ›Ferrari‹ mithalten zu können, musste jeder ›Maserati‹ bessere Fahreigenschaften und bessere Leistung bieten. Dementsprechend erhielt der ›A6G‹ gegenüber seinem Vorgänger eine modifizierte Hinterradaufhängung sowie einen größeren Motor mit 1954 cm³ Hubraum, gegenüberliegenden Ventilen, einer obenliegenden Nockenwelle sowie einer garantierten Leistung von 100 PS.

An der Karosserie des ›2000er‹ versuchten sich zwischen 1951 und 1957 die aufstrebenden Karosseriebauer ›Farina‹, ›Frua‹, ›Vignale‹, ›Zagato‹ und ›Allemano‹ mit offenen und geschlossenen Aufbauten. Die Modellpalette umfasste nun Cabrios von ›Frua‹ sowie Coupés von ›Bertone‹, ›Ghia‹, ›Frua‹, ›Pininfarina‹ und ›Vignale‹. Doch die Käufer wollten mehr. Zu einer Zeit, als

›Maseratis‹ Monoposti auf der Rennstrecke ›Ferraris‹ jagten, fehlte ausgerechnet für die eigenen Tourensportwagen ein Motor, der einem Ferrari-›V12‹ ebenbürtig war. Deshalb schickte ›Maserati‹ bereits nach sechzehn Exemplaren des ›A6G‹ die stärkere ›2000er‹-Version ins Rennen. Dieser Motor bedeutete weder eine Rückkehr in die dreißiger Jahre mit dem legendären ›6CM‹ noch eine Weiterentwicklung des bekannten Sechszylinders mit einer Nockenwelle, sondern schlicht den pragmatischen Einsatz einer gedrosselten 150-PS-Variante ihres ›Formel 2‹-Wagens. Gerade rechtzeitig zum Genfer Autosalon von 1954 gelang den Motorenspezialisten ›Colombo‹ und ›Bellentani‹ die Bändigung der 2-Liter-Rennmaschine. Unter den Karosseriebauern fanden sich, bis auf Pinin Farina, der zu ›Ferrari‹ zurückgekehrt war, wieder die altbekannten Namen.

Im Jahre 1955 begann die Auslieferung des über 190 km/h schnellen ›A6G 2000‹ an die ungeduldig wartende Kundschaft. Berücksichtigt man den enorm hohen Preis und die rückständigen Produktionsbedingungen, stellten die 61 verkauften Exemplare einen Erfolg dar, wenngleich der eher kurzlebig zu nennen war. Die Konkurrenz wartete nicht, und auch ›Maserati‹ rüstete für die Auseinandersetzungen der Zukunft: Im Firmenregal warteten schon ein ›V12‹- wie auch ein ›V8‹-Triebwerk auf ihre kommende ›GT‹-Bestimmung.

Maserati 3500 GT / 3500 GTI

›Maserati‹ fuhr mit seinen ›Formel 2‹-Rennwagen in den fünfziger Jahren reichlich Lorbeer ein, musste aber auch herbe Verluste einstecken. Nach dem Sieg beim ›Grand Prix von Schweden‹ schieden bei der Entscheidung in der Sportwagenweltmeisterschaft 1957 in Caracas alle ›Maseratis‹ durch Unfälle vorzeitig aus. Zu allem Unglück lagen bereits Kaufverträge für die zerstörten Wagen vor. Die wirtschaftlichen Folgen zwangen die traditionsrei-

che Marke zum Rückzug aus dem Rennsport und zur kontinu-
ierlichen Serienproduktion. Die sollte von der reichen Motor-
sporterfahrung profitieren.

Obwohl ›Maserati‹ wie ›Ferrari‹ eine breite Motorenpalette für
alle Einsatzgebiete bereithielt, lag der Grundstein für die Serienmodelle in einem robusten Sechszylinder-Reihenmotor. Bereits
1956 begann der Ingenieur Giulio Alfieri, den Zweinockenwellen-
motor des ›350S‹ für die zivile Nutzung umzurüsten. 226 PS leistete die Version im Prototyp von 1957. So überrascht es auch
nicht, dass gerade dieser Motor für den anvisierten sehr schnellen
und technisch zuverlässigen ›3500 GT‹ ausgewählt wurde. Chefingenieur Alfieri und sein Team schufen in kurzer Zeit ein Modell,
welches als historisch in die Firmenannalen eingehen sollte, denn
Chassis und Fahrwerk sollten in weiterentwickelter Form bis hin
zum ›Mistral‹ dienen.

Wie ›Ferrari‹ steckte auch ›Maserati‹ einen großen Teil seiner For-
schung und seiner Kosten in das Fahrwerk. Im Ergebnis kam im
›3500 GT‹ eine neuartige Rohrkonstruktion mit einer Vielzahl
von Streben und Versteifungen zum Einsatz. Längsträger aus

Maserati 3500 GT Coupé

Hohlprofilen bildeten den Rahmen, die Räder steckten vorn einzeln an Trapezdreieckslenkern und Schraubenfedern, hinten an
einer Starrachse mit halbelliptischer Blattfederung. Neben einem
vollsynchronisierten Vierganggetriebe rotierte die leicht an-
tiquierte ›ZF‹-Lenkung mit Schnecke und Rolle. Darüber erhob
sich der zweitürige Coupé-Aufbau aus Leichtmetall von ›Touring‹.
Das Glanzstück bildete jedoch der 3485-cm³-Sechszylinder mit
Doppelnockenwellen und zwei Zündkerzen pro Zylinder, eine
»sanfte« Version des ›350S‹-Rennaggregats. Dessen Leistung lag
in der vom Turiner Publikum und der patriotischen Presse begeistert aufgenommenen Serienvariante bei 220 PS, wohingegen
Alfieri der scharfen ›GTI‹-Version 290 PS spendierte.

161

Maserati 3500 GT / 3500 GTI
Baujahre: 1957 – 1964; *Motor:* Sechszylinder-DOHC-Reihenmotor,
Hubraum: 3485 cm³; *Leistung:* 220 bzw. 235 PS; *Fahrwerk vorn:* Einzel-
radaufhängung, Dreiecksquerlenker, Schraubenfedern, Stabilisatoren;
Fahrwerk hinten: Starrachse, halbelliptische Blattfederung; *Gewicht:*
1350 kg; *Speed 0 – 100 km/h:* 7,2 – 8,5 s; *Vmax:* 225 – 235 km/h

---

Bestimmte technische Bauteile stammten aus allen Himmels-
richtungen: das Getriebe von ›ZF‹ im teutonischen Friedrichshafen, die Hinterachse mit sechs Untersetzungen von ›Salisbury‹,
die Bremsen von ›Girling‹ und die Vorderradaufhängung von ›Al-
ford & Adler‹. Nur bei der Modellauswahl beschränkte sich ›Maserati‹. Ein Coupé von ›Touring‹ und ein Convertible von ›Vignale‹
mussten für die Großserie genügen. Mit 225 km/h Spitze lief der
›3500 GT‹ mehr als ausreichend schnell und lag darüber hinaus
phantastisch auf der Straße – keine Selbstverständlichkeit in
jener Zeit. Bei Nässe zeigte der 1350 Kilogramm schwere Viersitzer allerdings gelegentlich biestiges Benehmen. Erst 1959 ließ sich
›Maserati‹ auf Sonderwünsche und kleine Retuschen ein – der
Verkauf lief zu gut. 2223 Autos in acht Jahren; da konnten ein
Fünfganggetriebe sowie Sperrdifferential und Scheibenbremsen
vorn warten. Sie zogen dann mit dem ›3500 GTI‹ ins Standard-
programm.

Maserati Ghibli

Wurden die Trident- beziehungsweise Dreizack-Weggefährten
›Mexico‹ oder ›Quattroporte‹ eher mit höflichem Beifall bedacht,
herrschte über den faszinierenden Charakter des ›Maserati Ghibli‹
Einigkeit. Auf dem Turiner Autosalon von 1966 löste dieses Coupé wahre Begeisterungsstürme aus. Zwei Jahre später widerfuhr
dem Spider an gleicher Stelle dasselbe. Perfekt fügten sich Details
wie die Vertiefungen der Tankklappen, der dezent eingekerbte

Schwung der Front oder die zur Kühlerfassung sich wandelnde Stoßstange in die geniale Verschwendung von Raum.

In der Rangliste der begehrtesten Automobile lag der ›Ghibli‹ genauso weit vorne wie im Preis. Mit 65.000 Schweizer Franken distanzierte er 1969 den ›Ferrari Daytona‹ mit gerade einmal 63.000 Talern. Wie beim ›Mistral‹ oder ›Khamsin‹ stand ein Wind bei der Namensgebung Pate. Und wie ein Wüstenwind fegte der ›Ghibli‹ unbarmherzig über die Straßen der mondänen Welt. Es war schon ein außergewöhnliches Ereignis, wenn man dieser meisterlichen Schöpfung mit der großzügigen Linie von Giorgetto Giugiaro die Sporen gab. Das Chassis teilte sich – nicht unüblich bei kleinen Herstellern – der von der Fachpresse gefeierte ›Ghibli‹ mit den Vorgängern. Gegenüber seinen Wegbereitern wurde der Radstand um zehn Zentimeter gekürzt, denn dieser ›Maserati‹ sollte ein echter, klassisch definierter Zweisitzer sein.

Hinter dem Gestühl erstreckte sich eine mit weichem Teppich ausgelegte Ablage, die zugleich als Kofferraum dienen musste. Eine serienmäßige Klimaanlage wiederum verhinderte das Schmelzen des Piloten hinter der großen Heckscheibe. Dafür sorgte beim handgefertigten ›Ghibli‹ natürlich der standesgemäße Motor: ein bulliges und elastisches 4,7-Liter-›V8‹-Aggregat mit stolzen 330 PS aus dem Fundus des Hauses. Acht Ansaugtrichter der vier ›Weber‹-Doppelvergaser leiteten das Gemisch auf im Winkel von 90 Grad gespreizte Zylinderreihen. Noch begehrenswerter addierten sich die Verbrennungseinheiten auf 4,9 Liter im ›SS‹. Nach dem Aufrüsten peitschten 335 PS den Schönling knapp unter die magische 250-km/h-Marke. Statt nur einer zentralen brachte Don Alfieri ganze vier obenliegende Nockenwellen in dem schwarz lackierten Motorgehäuse unter. Selbstverständlich gehörte das ›ZF‹-Fünfganggetriebe zum Standard. Eine ›Borg Warner‹-Automatik, nichts für Puristen, wurde ab 1969 auf Wunsch geliefert. 163

Maserati Ghibli

Nach dem ›Ghibli‹ drehte man sich um. Lang gestreckt, flach und breit presste er sich so dicht an den Asphalt wie kein ›Maserati‹ vor ihm. Kein Wunder bei 117 Zentimetern Höhe. Mit über 4,5 Metern gehörte der ›Ghibli‹ zu den längsten bis dato gebauten Zweisitzern, gefiel jedoch mit makellosen Proportionen. Die heruntergezogene Front mit versenkbaren Scheinwerfern und der breite, dreiteilige Grill fanden sich nicht nur bei den kommenden Modellen ›Bora‹ und ›Marek‹ wieder, sondern auch Nachahmung bei ›Aston Martins‹ ›DBS‹ von 1967.

Vielen Zeitgenossen galt der zeitlos vollendete Spider, der sich 1969 zum Fastback-Coupé gesellte, als die aufregendere Version. Endlich fand der umwerfende Sound den Weg in das Lustzentrum des Piloten. Das Faltdach ließ sich bei ansprechendem Wetter unkompliziert und vollständig in ein mit Klappe versehenes Fach versenken, und bald nahm ›Maserati‹ ein abnehmbares Hardtop

ins Programm. Gegenüber 1149 Coupés blieben die 125 Spider aber deutlich in der Minderheit. Schließlich endete im Jahre 1973, mit der Vorstellung des ›Khamsin‹, diese Epoche des ›Ghibli‹. Natürlich verkörperte der Neue wie auch später, ab 1992, der moderne ›Ghibli‹ den technischen Fortschritt, doch sollten beide die Ausstrahlung ihres Vorgängers nie erreichen.

Maserati Ghibli
Baujahre: 1966 – 1973; *Motor:* Maserati-V8-DOHC; *Hubraum:* 4709 cm³ (1966 – 1970), 4930 cm³ (1970 – 1973); *Leistung:* 330, 335, 355 PS; *Fahrwerk vorn:* Einzelradaufhängung, Dreiecksquerlenker, Schraubenfedern, Stabilisatoren; *Fahrwerk hinten:* Starrachse, halbelliptische Blattfederung; *Gewicht:* 1430 – 1700 kg; *Speed 0 – 100 km/h:* 6 – 8,5 s; *Vmax:* 257 – 280 km/h

165

DEUTSCHLAND

PERFEKTION UND KRAFT

Ausgerechnet in Italien, dem Land deutscher Sehnsüchte und seit den Tagen des automobilen Rennsports größter deutscher Konkurrent, errang Rudolf Caracciola mit seinem von einem 300 PS starken Kompressormotor getriebenen ›Mercedes SSKL‹ am 13. April 1931 bei der ›Mille Miglia‹ den ersten großen Triumph über eine ganze Schar italienischer Werksmannschaften. Damit fiel der Erfolg an eine Automarke, die wie keine zweite für die Entwicklung des Automobils stand.

»Ohne Fleiß kein Preis« lautete einer der hergebrachten biederen, doch so wirkungsmächtigen teutonischen Haussprüche. Mit den besten Tugenden ihrer Nation gewappnet, formten gut ausgebildete Facharbeiter und inspirierte Ingenieure technisch perfekt funktionierende Sportwagenmodelle. Undenkbar, dass ein Fahrzeug auch nur mit dem kleinsten Makel eine Werkshalle verlassen durfte.

Zurück zum Rennsport. Von hochmotivierten Mechanikern akribisch betreut, beherrschten die kraftvollen »Silberpfeile« mit dem Stern von ›Mercedes‹ über und den Ringen der ›Auto Union‹ im Kühlergrill für Jahre den internationalen Rennsport. Nach der Legende verdankten die silbernen Sportwagen ihren Namen einer Entscheidung der Sportbehörde von 1932, das Gesamtgewicht der ›Grand Prix‹-Wagen auf 750 Kilogramm zu beschränken. Da der neue ›Mercedes W 25‹ bei der Abnahme zum ›Eifelrennen‹ auf dem ›Nürburgring‹ Anfang Juni 1934 jedoch ein winziges Kilogramm mehr wog, verfiel Manfred von Brauchitsch, zu Unrecht

vergessener Rennfahrer, auf die Idee, über Nacht die ursprüngliche weiße Farbe abzuschleifen – und der ›W 25‹ erfüllte danach die vorgeschriebene Norm.

Von Brauchitsch, Spross eines alten schlesischen Adelsgeschlechts, verkörperte neben Disziplin und Zuverlässigkeit mit seinem bedingungslosen Kampfeswillen eine weitere deutsche Wesensart. Am 24. Juli 1938, bei einem Boxenstopp während des ›Großen Preises von Deutschland‹, geriet er durch verschütteten Kraftstoff mit seinem Wagen in Brand. Kaum war er von Rennleiter Alfred Neubauer aus dem Wagen gezogen und der brennende Overall gelöscht, setzte sich von Brauchitsch wieder in den Wagen. Bei der nächsten Bodenwelle löste sich bei ungefähr 190 km/h das aufgesteckte Lenkrad, doch von Brauchitsch blieb beim unmittelbar folgenden Unfall wie durch ein Wunder unverletzt. Sein Kollege Bernd Rosemeyer dagegen, der erste Mensch, der die 400-km/h-Marke auf Rädern durchbrach, verunglückte im selben Jahr tödlich.

Der Schatten der nationalsozialistischen Ideologie fiel auch auf den deutschen Motorsport, denn die »Silberpfeile« sollten nicht nur die technische, sondern auch die rassische Überlegenheit des faschistischen Systems bezeugen. Es dauerte einige Zeit, bis die deutschen Autobauer die Trümmer von 1945 beseitigt hatten und sich wieder dem Sportwagen zuwenden konnten. Dabei kamen den aufbauhungrigen Nachkriegsingenieuren neben den alten Konstruktionsplänen die Aufmunterungen aus Übersee mehr als gelegen. Gerade die Amerikaner verlangten nach zuverlässigen, kleinen, aber gut motorisierten Sportwagen, gerne auch als Roadster. Hier war der ›328er‹ von ›BMW‹ mit seiner zeitlos schönen klassischen Linie in bester Erinnerung geblieben.

Im Jahre 1952 kündigte der zweite Platz bei der ›Mille Miglia‹ die Rückkehr von ›Mercedes‹ in die Elite der Supersportwagen an, die Stirling Moss gemeinsam mit seinem Co-Piloten Dennis Jenkinson drei Jahre später – am »Tag der Arbeit« – mit einem Sieg auf der gleichen spektakulären Rennveranstaltung vollendete. ›300 SL‹ hieß der geflügelte, aber auch gefürchtete rasende Stern,

Bitter Diplomat CD

der nach seinem tragischen Verglühen beim ›24-Stunden-Rennen von Le Mans‹ im Jahre 1955 nur in seiner zivilen Ausführung überlebte.

Aber im Schatten der alten, etablierten Marken entstand eine neue Sportwagenschmiede. Bereits mit dem ›356er‹ forderte ›Porsche‹ die Vätergeneration heraus. Als jedoch der genial einfach gezeichnete und robust befeuerte ›911er‹ die grüne Hölle des ›Nürburgrings‹ in sensationellen Zeiten durchquerte, lag der Fehdehandschuh unwiderruflich auch im internationalen Ring.

DAS BESTE AUS DREI WELTEN: BITTER

Einmal im Leben sollte ein Mann einen Sohn zeugen, einen Baum pflanzen – und ein Auto bauen. Erich Bitter war in den fünfziger Jahren ein erfolgreicher Radrenn- und Rallyefahrer. 1969 begann er mit dem Import und Vertrieb von ›Abarth‹-Teilen sowie von Automobilen der italienischen Marke ›Intermeccanica‹. Doch was tun, wenn in der Seele das Rennsportgen brennt und in den Adern statt Blut Benzin fließt? Weiter tagein, tagaus Ersatzteile verkaufen und zusehen, wie der Traum vom eigenen Sportwagen im grauen Arbeitsalltag zerrinnt? Aufgeben gehörte für den Mann mit den vielen Leben nicht zum privaten Wörterbuch. Er hatte wieder eine Vision zu verwirklichen – und begann darüber nachzudenken, sein eigenes Automobil zu konstruieren.

Bitter Diplomat CD

Auf dem Ausstellungsareal der ›Adam Opel AG‹ rieben sich 1973 die Besucher der ›IAA‹ verwundert die Augen. Hatte sich da eine italienische Spedition in der Adresse verirrt? Mehr als 4,80 Meter lang, fast 1,90 Meter breit, reichlich Hubraum unter der Haube – alles deutete auf einen rassigen Italiener. Aber das edle Sportcoupé stand goldrichtig. Denn wie sich unter dem in schnittigelegante Formen gepressten Blech solide ›GM‹/›Opel‹-Technik verbarg, so steckte hinter dem Namen beste Substanz. Erich Bitter, Tausendsassa aus Schwelm im Bergischen Land, sorgte für das diplomatische Treffen der Besten aus drei Welten: Bella Figura aus Italien, Big Block aus den USA und Perfektion aus Deutschland. Obwohl seine anziehende Hülle dezent an ›Ferraris‹ ›Daytona‹ und ›Maseratis‹ ›Ghibli‹ erinnerte, stammten die Ursprünge aus amerikanischer Feder.

Charles »Chuck« Jordan, einstiger Designchef bei ›Opel‹, hatte 1969 die Urstudie für die Frankfurter Ausstellung entworfen, bevor der berühmte Pietro Frua beim ›Strada‹-Prototyp nochmals den Stift ansetzte. Erich Bitter, Ex-Rennfahrer, Maler und Konstrukteur, kombinierte gemeinsam mit dem Stuttgarter Karosseriespezialisten ›Baur‹ die unbekümmerte Wucht eines US-Achtzylinders mit der Technik des ›Diplomat‹, ›Opels‹ Oberklassenfahrzeug, und presste sie anschließend in bester schwäbischer Machart in Stahl.

Paul Breitner, Enfant terrible des deutschen Fußballs, bezeichnete den ›CD‹ einmal unfreiwillig komisch, aber pointiert als »ein Auto für alle, die nicht italienisch mit ihrem Wagen reden wollen«. Das schloss Widersprüche ein: sich einerseits ganz tief in breiten, eleganten Fauteuils zu lümmeln und andererseits am armseligen, fingerdicken Dreigangautomatikhebel des biederen ›Opel Rekord D‹ zu ziehen; sich an der hinreißenden Rasanz der fließenden, durch klare Kanten getrennten Linien zu ergötzen und doch am Heck billige ›Fiat‹-Rückleuchten zu finden.

Saß man erst hinter dem Volant, vergaß man schnell derlei nebensächliche Ungereimtheiten. Schwer und satt lag der Wagen auf dem Asphalt, befeuert vom Graugussklotz mit glänzendem ›Corvette‹-Ventildeckel. Souverän agierte die anspruchsvolle ›De Dion‹-Achse im Heck, komfortabel reagierte die um 16 Zentimeter gekürzte Variante eines Fahrwerks, das schon seinen Spender

Bitter Diplomat CD
Baujahre: 1973 – 1979; *Motor:* V8; *Hubraum:* 5354 *bzw.* 5699 cm^3;
Leis-tung: 230 PS; *Fahrwerk vorn:* Einzelradaufhängung; *Fahrwerk hinten:* De-Dion-Achse; *Gewicht:* 1720 kg; *Speed 0 – 100 km/h:* 9,2 s;
Vmax: 220 km/h

›Opel Diplomat‹ über die Stuttgarter Konkurrenz erhob. Die fast zwei Tonnen Stahl und Glas liefen je nach Wunsch und Temperament gelassen bis zu 220 km/h schnell, und in knapp zehn Sekunden wuchtete der ›V8‹ das Coupé von 0 auf 100 km/h. Dank des längs hinter der Vorderachse platzierten Motors kurvte das Auto sogar recht agil. Allerdings rollte der ›CD‹ seinerzeit auf mickrigen 7-x-14-J-Felgen – ein schwer zu verzeihender Geiz angesichts des Preises von 67.574 D-Mark (dem Gegenwert von zwei ›Porsches‹ oder zwei ›Corvettes‹).

Am Ende der Lustpartie wurde der ›Bitter Diplomat‹ von der unbarmherzigen wirtschaftlichen Realität ausgebremst: ›Opel‹ stellte 1979 einfach die Fertigung des Basismodells ein.

Bitter Diplomat CD

BMW 507

Bayerischer automobiler Stern am Horizont: BMW

Lange Zeit schien der schöne weiß-blaue bayerische Himmel ungetrübt über der 1913 von Karl Rapp gegründeten und 1917 in ›Bayerische Motoren Werke‹ umbenannten Aktiengesellschaft. Mit dem ersten Flugzeugmotor ohne Leistungsverlust beim Aufstieg gelang auch der finanzielle Höhenflug prächtig. Unter den Abrüstungsbestimmungen des Versailler Vertrages drohte jedoch der Sturzflug, aber nach einer klassischen Rochade – Hauptaktionär Camillo Castiglioni nahm Kapital und Namensrechte mit zu den ›Bayerischen Flugzeugwerken‹ und gründete daraus ›BMW‹ neu, während aus dem ›BMW‹-Stammwerk die ›Knorr-Bremse‹ hervorging – fing sich das Unternehmen kurz vor dem Boden wieder. Den pflügten alsbald die herrlich robusten Motorräder mit Boxermotor und Kardanantrieb. Zugleich begannen die Bayern bald nach dem 1928 erfolgten Kauf der ›Fahrzeugfabrik Eisenach‹ mit dem Lizenzbau des britischen ›Austin Seven‹, bis 1932 das Eigengewächs ›AM1‹ die Werkhalle verließ. Zwar verschob sich schon kurz darauf wieder der Firmenschwerpunkt zugunsten von Flugzeugmotoren, doch mit dem ›328er‹ sicherte sich die Autosparte ein heißes Eisen im Wettstreit der besten Sportwagen dieser Welt.

Auferstanden aus Ruinen – der Zweite Weltkrieg traf ›BMW‹ mit mehr als 60 Prozent zerstörter Produktionsanlagen besonders heftig, und vor dem Fertigungswerk in Eisenach senkte sich bald nach der Teilung Deutschlands der Eiserne Vorhang. So empfanden die bayerischen Automobilbauer die Nachkriegszeit entschieden dorniger als andere Firmen.

Auf dem Frankfurter Autosalon im April 1951 signalisierte indes die Limousine vom Typ ›501‹, dass sich auch im Stammwerk München nach fast vollständiger Kriegszerstörung wieder Leben regte. Ihre fließenden Rundungen huldigten gleichwohl der Vorkriegsphilosophie, und mit ihrem Sechszylinder-Triebwerk tat sich auch nichts grundsätzlich Neues hinter der bekannten ›BMW‹-Niere. Erst 1953 begann die Serienproduktion – und mit ihr der Weg in eine Sackgasse. Denn ausgerechnet ›BMW‹, vor dem Krieg mit dem ›328er‹ einer der führenden internationalen Sportwagenhersteller, hatte in diesem Segment rein gar nichts im Angebot. Einzig mit dem Modell ›502‹, einem luxuriösen Achtzylinder, bedienten die Münchner die Wünsche einer äußerst kleinen »cremigen« Schicht der Gesellschaft. Deutschlands erster ›V8‹, zugleich der erste Leichtmetall-›V8‹-Serienmotor der Welt, wurde von 2580 cm³ mit 100 PS Leistung, später 3168 cm³ und 120 PS bewegt. Mit 90 Grad standen seine beiden Zylinderreihen weiter auseinander, als sich Finger bei der Bestellung einer Maß im Biergarten spreizen ließen.

BMW 503

In den USA besaß die Marke ›BMW‹ ungebrochen einen hervorragenden Ruf, und zwischen Atlantik und Pazifik fuhren auch einige der Vorkriegs-Roadster als Mitbringsel ehemaliger Besatzungssoldaten auf Amerikas Highways. Und da war noch ein gewisser Maximilian »Maxie« Hoffman, umtriebiger Generalimporteur für ›BMW‹ mit Sitz in New York, der einen Sportwagen aus München verlangte. Er besann sich auf eine Begegnung mit einem jungen Designer, den er in der Gesellschaft der Millionenstadt kennen- und schätzen gelernt hatte: Albrecht Graf Goertz. Der deutschstämmige Adlige hatte immerhin einem selbstentworfenen Auto seine Karriere zu verdanken. Von ihm versprach sich der ›BMW‹-Statthalter das entscheidende Know-how für einen in den USA erfolgreichen Sportwagen. Goertz skizzierte ein hinreißend schönes Auto und erhielt den Auftrag, beschränkte sich aber nicht auf die Entwicklung des künftigen Roadsters. Um im hart umkämpften Luxussportwagensegment – vor allem in den USA – zu bestehen, sollte ›BMW‹ dem Sportzweisitzer unbedingt ein viersitziges Coupé zur Seite stellen, auf Wunsch auch mit versenkbarem Cabriolet-Dach.

Die hauseigenen Achtzylinder gaben die Typbezeichnungen für die beiden Projekte vor: Für das Coupé war die ›503‹, für den Sportwagen die Ziffernkombination ›507‹ vorgesehen. Die Karosserieentwicklung teilte sich in die Standorte München für den ›507er‹, während Stuttgart den ›503er‹ übernahm, wo bei ›Baur‹ die ersten Muster entstanden. 1955 war es endlich soweit. Zeitgleich debütierte der ›503‹-Zweitürer als Coupé und als Cabriolet und war in eine ebenso elegante wie moderne Pontonkarosserie gekleidet. Keine B-Säule störte die Linienführung, und die

BMW 503

vier Seitenscheiben ließen sich vollständig versenken. Obwohl sich das Resultat – eine Stahlblechkarosse mit einem Kofferraumdeckel und einer sich gegen die Fahrtrichtung öffnenden Motorhaube aus Leichtmetall – dem Auge des Betrachters recht flächig darbot, geriet das Auto zur Augenweide. Durch die schmale C-Säule dominierte insbesondere bei geöffneten Scheiben der Eindruck höchster Eleganz. Trotzdem gab sich der ›503er‹ eher konservativ und trug, wie auch die ›501‹/›502‹-Limousinen, noch das vertikal ausgerichtete Doppeloval vorneweg.

Im Juni 1955 begann die Auslieferung des neuen Traum-Coupés, dessen Technik durch die nahezu unveränderte Übernahme der kompletten Rahmen- und Fahrwerkskonstruktion vom ›502er‹

BMW 503

schneller serienreif wurde als der ›507er‹. Bei der Lenkungskons-
truktion übertrugen die Münchner Ingenieure das Prinzip der
Zahnstangenlenkung auf ein Tellerradsegment und erreichten
damit höchste Lenkpräzision. Das lenkradgeschaltete Getriebe –
eine Schaltbox mit vier vollsynchronisierten Gängen – duckte
sich unter den Vordersitzen, mit dem Triebwerk durch eine kurze
Gelenkwelle verbunden, wobei das Arrangement den Vorteil
besaß, dass die Motoraufhängung nicht auf das höchste Getrie-
bedrehmoment ausgelegt werden musste. Als Antrieb diente der
durch zwei Doppelvergaser und einen geänderten Ventiltrieb
»aufgebrezelte« 3,2-Liter-›V8‹, der stolze 140 PS bei 4800 U/m
hergab. Zwei Hinterachsuntersetzungen wurden angeboten und
überdies eine Fülle von technischen Extras wie Bremsverstärker,
Scheibenräder mit Zentralschnellverschluss, elektrisch-hydrauli-
sche Verdeck- und Fensterbetätigung, Metallschiebedach beim
Coupé, farbiges Fensterglas, Sealed-Beam-Scheinwerfer, Kupplo-
mat und Scheibenwaschanlage.

Für beide Versionen, inklusive eines »Rundum-Sorglos-Service-
Pakets«, stellte ›BMW‹ 1956 satte 29.500 D-Mark in Rechnung.
Dafür bekam man zu der Zeit circa sieben ›Volkswagen‹, aber
auch ein durchaus komfortables Reihenhaus. Exklusiv war freilich
die Kundenliste: Das belgische Königshaus bestellte ebenso einen
›503er‹ wie das Fürstenhaus von Thurn und Taxis und der jugo-
slawische Staatschef Jozip Broz Tito. Die Fabrikanten Rudolf Oet-
ker und Hans Glas schwelgten dabei ebenso im Luxus eines

BMW 503
Baujahre: 1955 – 1959; *Motor:* V8; *Hubraum:* 3168 cm³; *Leistung:* 140 PS;
Fahrwerk vorn: Einzelradaufhängung; *Fahrwerk hinten:* Einzelrad-
aufhängung, Starrachse; *Gewicht:* 1410 kg; *Speed 0 – 100 km/h:* 13 s;
Vmax: 190 km/h

BMW 503

›BMW 503‹ wie zahlreiche Schauspielgrößen, darunter unter anderem die attraktive Aktrice Sonja Ziemann, die sich den eleganten Achtzylinder leisteten.

Obwohl das große Coupé nochmals teurer war als der Sportwagen, verkaufte ›BMW‹ mehr von dem 2+2-Sitzer. Dann, im Dezember 1957, wurde der elegante Tourer einer Überarbeitung unterzogen. Äußerlich nur an den unterschiedlichen Zierleisten am Heck erkennbar, ersetzte aufgrund der veränderten Getriebelage – das Getriebe war jetzt direkt am Motor angeflanscht – eine Mittelschaltung die ursprüngliche Lenkradschaltung. 1959, nach 412 montierten Wagen, beendete ›BMW‹ die Produktion mit dem nüchternen Eintrag in den Geschäftsbericht: »Aus Gründen der weiterer Rationalisierung ...«

BMW 507

So attraktiv der eher kompakte ›BMW 503‹ erschien – mit noch größerer Spannung erwartete man seinen Bruder ›507‹, der ebenfalls 1955, nur kurz nach dem ›503er‹, vorgestellt wurde. Über dem widerstandsfähigen Kastenrahmen posierte der auf der Höhe des Cockpits taillierte Zweisitzer im Maßanzug aus filigranem Aluminium. Die zeitgenössische Werbung spricht Bände: Ein Gentleman im strahlend-weißen Smoking lädt eine Dame zur Spritztour in seinem Roadster ein. Sie wird nicht widerstehen können, denn das tiefer gelegte Fahrwerk fasziniert sie. Auch kümmert sie sich nicht um die verborgene mechanische Raffinesse, aber der leuchtend rote Verkaufskatalog ist ihr nicht entgangen, denn der versprach überlegene 150 PS aus 3,2 Litern Hubraum, gut für den Kitzel bei mehr als 200 km/h.

Das Achtzylinder-Aggregat agierte seidenweich und ließ schon bei 1000 Kurbelwellenumdrehungen sein bulliges Drehmoment spüren. Im vierten Gang, zwischen 60 und 130 km/h, zog der ›507er‹ seinem Erbfeind ›300 SL‹ leicht davon, musste sich aber in der Endgeschwindigkeit dem Schwabenpfeil geschlagen geben. Dieser besänftigte Rennsportwagen wollte seine Herkunft gar nicht verleugnen und ließ dem ›BMW‹ in Komfort und Alltagstauglichkeit den Vortritt. Das hielt indessen das weiß-blaue Leichtmetalltriebwerk nicht davon ab, ein Machtwort zu sprechen: Sowie man den Zündschlüssel umgedreht hatte, markierte das bajuwarische Kraftpaket mit markantem Bollern und scharfem Zischen sein Revier.

Der ›BMW 507‹ machte Eindruck. Auch auf weltbekannte Motorsportler. So wählte 1957 John Surtees, nachdem er ein Jahr zuvor die Motorradweltmeisterschaft für ›MV Augusta‹ gewonnen hatte, als Preis den ›507er‹. Dank eines leistungsgesteigerten Motors diente der Sportwagen dem Weltmeister als Expressverbindung

zwischen seiner Heimat England und seinem Arbeitsplatz in Italien, und Hans Stuck setzte seinen modifizierten Achtzylinder-Roadster bei Bergrennen in Europa stets siegreich ein.

Motor und Getriebe ergaben eine perfekte Einheit, aber der Ganghebel der Knüppelschaltung wollte ebenso mit einigem Nachdruck betätigt werden wie auch das Vierspeichenlenkrad, die Kupplung und das Bremspedal. Das wirkte zunächst auf vier riesige Trommeln, die sich in den 16-Zoll-Rädern breitmachten, bevor dem ›507er‹ zusammen mit der 160 PS starken ›S‹-Maschine vorne Scheiben spendiert wurden.

Die Anwahl von drei unterschiedlichen Untersetzungen der Hinterachse ermöglichte einen individuellen Fahrstil hinsichtlich

BMW 507

Baujahre: 1955 – 1959; *Motor:* V8-OHV; *Hubraum:* 3168 cm³; *Leistung:* 150, 160 PS; *Fahrwerk vorn:* Einzelradaufhängung, Querlenker, Torsionsstäbe; *Fahrwerk hinten:* Pendelachse, Torsionsstäbe; *Gewicht:* 1240 kg; *Speed 0 – 100 km/h:* 9,6 s; *Vmax:* 192 – 197 km/h

BMW 507

kräftigerer Beschleunigung oder höherer Endgeschwindigkeit. Ohne Wahlfreiheit und Klagen hatte man hingegen die Enge im Cockpit sowie verwirrend große Rundinstrumente zu akzeptieren. Exakt 26.500 D-Mark kostete der ›BMW 507‹ bei seinem Debüt oder, um einen Vergleich mit der Konkurrenz zu ermöglichen, 4.201 Britische Pfund. Ein ›Jaguar XK 140‹ war bereits für 1.693 Pfund weniger zu haben. Stars wie Elvis Presley, Alain Delon und adlige Prominenz wie Aga Khan, der König von Marokko und Fürst Rainier von Monaco ließen sich davon nicht abhalten und stellten einen ›507er‹ in ihre Garagen.

Doch das Prestigeobjekt erlöste ›BMW‹ nicht aus seiner misslichen Geschäftslage. Anstatt die Münchner Kassen zu füllen, leerte der ›507er‹ zunehmend selbige – und besiegelte damit nach nur vier Jahren Jetset sein Schicksal.

Glas 3000 V8

AUßERGEWÖHNLICH, ABER LEIDER
NICHT NACHHALTIG: GLAS

Am Ende blieb ein Scherbenhaufen. Dabei hatte 1963 alles so viel-versprechend begonnen. Auf dem Stand einer winzigen Automo-bilfabrik ohne Tradition thronte ein elegantes Coupé wie der Schwan zwischen den Entlein. Das einst als Landmaschinenfa-brik gegründete Familienunternehmen feierte mit dem ›Glas 1300 GT‹ sein Debüt auf der Frankfurter ›IAA‹. Durch ihre Erfolge mit putzigen Minifahrzeugen kühn geworden, griffen die Dingol-finger nach den Sternen am Sportwagenhimmel, und die Fach-presse prophezeite ihnen durchweg eine großartige Zukunft.

Es war 1951, als sich der Fabrikant und Visionär Hans Glas mit dem ›Goggo‹, einem Motorroller, dem Bau von Kraftfahrzeugen zuwandte. Zunächst blieb es bei der automobilen Grundversorgung für den kleinen Mann. 1955 folgte das drollige, aber für je-dermann bezahlbare ›Goggomobil‹. Innerhalb kürzester Zeit ent-stand eine breite Modellpalette, und mit dem in Planung befind-lichen ›V8‹ sollte der Aufstieg in die Oberklasse beginnen. An

Kreativität mangelte es dem risikobewussten Unternehmer Glas keinesfalls. Auch wenn die »Erfindung« des Zahnriemens zum Antrieb der obenliegenden Nockenwelle einer defekten Waschmaschine zu verdanken ist, lagen die sportlichen Vorzüge des neuartigen Konzepts klar auf der Hand. Zwar feierte der Zahnriemen bereits 1962 im ›Glas S1004‹ Premiere, doch erst mit dem ›1300 GT‹ fügte sich mit der attraktiven Karosserie zusammen, was zusammengehörte.

Glas 2600 V8 / 3000 V8

Kurz und traurig. Dergestalt ist die Erzählung von der Geschichte des ›Glas 3000 V8‹, besser gesagt von einer Illusion, die an der Härte der wirklichen Welt zersplitterte. Die Ambitionen der kleinen bayerischen Firma waren nach dem einhelligen Lob der Fachpresse für den ›GT‹ ins Unermessliche gestiegen, aber die Dingolfinger steckten bereits tief in existentiellen Nöten. Hoffnungsvoll stellten sie deshalb das Schmuckstück der ›Glas‹-Familie 1965 auf der ›IAA‹ zur Schau. Der Volksmund kommentierte den Entwurf von Pietro Frua schnell und treffend mit »Glaserati«. In der Tat war die Ähnlichkeit der bei ›Maggiora‹ in Turin gebauten selbsttragenden Karosserie auffällig. Was jedoch nicht verwundern konnte, stammten doch einige ›Maserati‹ vom selben Reißbrett. Des Meisters Handschrift gab sich nur an der Frontpartie mit der ausladend geschwungenen Linie des Grills und den aufdringlichen Scheinwerfern dessen Neigung zur ba-

---

Glas 2600 V8 / 3000 V8
Baujahre: 1965 – 1968; *Motor:* V8; *Hubraum:* 2580 *bzw.* 2982 cm³;
Leistung: 150 *bzw.* 160 PS; *Fahrwerk vorn:* Einzelradaufhängung,
doppelte Querlenker; *Fahrwerk hinten:* De-Dion-Achse, Blattfedern,
Hydromat; *Gewicht:* 1200 – 1350 kg; *Speed 0 – 100 km/h:* 9,2 s;
Vmax: 196 – 200 km/h

rocken Pracht hin. Ansonsten zeichnete er das attraktive viersitzige Coupé deutlich zurückhaltender. Zierrat aus Chrom betonte die selbstbewusste Erscheinung. Tadellos passten die großzügig geschnittenen Sitze, während zahlreiche Rundanzeigen nicht nur verwirrend angeordnet waren, sondern auch stark spiegelten.

Ursprünglich liebäugelte die Chefabteilung mit einem neuen Sechszylinder, aber aus Prestigegründen entschied sich ›Glas‹ für einen Achtzylinder. In der Annahme, durch die Kopplung zweier Vierzylinder einen 90-Grad-›V8‹ zu zaubern, übernahm man die Zylinder sowie den Ventilantrieb vom ›1300 GT‹ fast unverändert. Leider hielt der Antrieb sein Versprechen nicht, denn im Alltag verhielt sich der sportliche 2,6-Liter-Motor reichlich nervös. Erst mit der Übernahme durch die ›Bayerischen Motoren Werke‹ im folgenden Jahr – was sich ›BMW‹ 9,1 Millionen D-Mark kosten ließ – vergrößerte man Hub und Bohrung auf 78 Millimeter und verbesserte somit den Durchzug entscheidend. Zwischen 2000 und 5500 U/m folgte der 3-Liter-›V8‹ dem Gaspedal nun widerstandslos und leistete mit 160 PS zehn Pferdestärken mehr als beim kleineren Halbbruder.

Ehrgeiz trieben den Junior Andreas Glas und Werksleiter Karl Dompert auch bei der Entwicklung des Fahrwerks. Zwar waren die Hinterräder nach dem klassischen ›De Dion‹-Prinzip angetrieben, ungewöhnlich dagegen geriet die Führung des Achsrohrs in Querrichtung durch einen Panhardstab und längs durch Blattfedern. Auf schlechter Fahrbahn verursachte die Kombination aus Teleskopdämpfern und Hydromat-Niveauausgleich jedoch unwirsches Stoßen und Trampeln. Ansonsten gab sich der ›Glas V8‹ brav wie einer der Kleinwagen, mit denen die ›Hans Glas GmbH‹ einst ihr Glück gemacht hatte. Für ›BMW‹ hingegen erwies sich der ›V8‹ als ein Zuschussgeschäft in 718 Raten. Nach exakt so vielen ›3000ern‹ wollte bei ›BMW‹ niemand mehr die Patenschaft über das Findelkind aus Dingolfing verantworten.

Mercedes SL300 Cabriolet

Schön und kraftvoll: Mercedes

Ein ganzes Jahrhundert schon, seit 1909, leuchtet der ›Mercedes‹-Stern, der gänzlich unbescheiden den Anspruch auf die Elemente Luft, Wasser und Land anzeigt. Einige Jahre zuvor inspirierte den Geschäftsmann Emil Jellinek der Name seiner Tochter Mercedes

187

zu einem Pseudonym, um an der ›Rennwoche von Nizza‹ teilzunehmen, noch bevor der ›Daimler‹-Händler genau zur Jahrhundertwende das neue, leistungsstarke Motorenmodell unter diesem Namen einführte.

Schon bald war das in seinen Ursprüngen bis auf das Jahr 1890, dem Gründungsjahr der ›Daimler-Motoren-Gesellschaft‹, zurückzuführende Unternehmen so erfolgreich, dass 1926 die Union mit dem ehemaligen Konkurrenten ›Benz & Cie.‹ besiegelt wurde. Schnell expandierte der schwäbische Autobauer und begründete mit den »Silberpfeilen« der dreißiger Jahre seinen Rennsportmythos. So erreichten nur wenige Sportwagen die Eleganz und Kraft jenes legendären ›SSK‹, mit dem, wie schon ausgeführt, Rudolf Caracciola 1931 den Sieg bei der ›Mille Miglia‹ gegen die Übermacht italienischer Fabrikate errang. Der Krieg unterbrach auch diese Karriere ...

Mercedes 300 SL Coupé

Mercedes 300 SL Coupé

Offiziell begann die unglaubliche Geschichte des ›Mercedes 300 SL‹ am 6. Februar 1954 auf der ›New York International Auto Show‹. Doch bis dahin war es ein langer Weg. Zu Beginn der fünfziger Jahre verheilten die Narben des Krieges langsam, bis auch bei der ›Daimler-Benz AG‹ die ersten Autos aus den wiederaufgebauten Werkshallen rollten. Nach der totalen Zerbombung hatte man den Gedanken an einen Sportwagen weit zurückstellen müssen. Erst 1952 verfügten die Untertürkheimer durch den erfolgreich verkauften ›Ponton‹ wieder über genügend Kleingeld, um in den Rennsport zurückkehren zu können. Keine zwei weitere Jahre vergingen, und ›Mercedes‹ bewies seine Wiederauferstehung mit gleich zwei Sportwagen: dem zweisitzigen ›190 SL‹ und dem größeren ›300 SL‹. Ursprünglich war der letztgenannte, wie auch später der ›Jaguar E-Type‹, als Rennsportwagen, nicht als Sport-Tourer angedacht. Anders als der schnittige Engländer musste

189

Mercedes 300 SL Cabriolet

sich der ›300 SL‹ jedoch auf der Rennstrecke bewähren, bevor er als Serienmodell auf den Markt kam.

›300 SL‹. Nüchtern besagte die Kombination aus Ziffern und Buchstaben nichts weiter, als dass es sich hier um ein sportliches und leichtes 3-Liter-Auto handelte. Leicht? Vollgetankt mit 130 Litern Treibstoff, brachte der ›300 SL‹ immerhin 1310 Kilogramm auf die Waage. Wer aber nicht mit Blindheit geschlagen war, sah den Zauber, die Faszination, die diesen Sportwagen von der ersten Stunde an umgab – und im Laufe der folgenden Jahrzehnte sollte der Mythos des Flügeltürers stetig mehr an Leuchtkraft gewinnen. Mit dem glanzvollen, weil nicht für möglich gehaltenen Sieg 1952 auf dem ›Le Mans‹-Kurs begann die Legende, bei der ›Mille Miglia‹ und der berüchtigten ›Carrera Panamericana‹ wiederholte sich das Wunder. Ein Team um Rudolf Uhlenhaut, Leiter der Personenwagenentwicklung bei ›Daimler-Benz‹ und selbst ein gestandener Rennfahrer, zu dem Franz Roller, Manfred Lorscheidt und Ludwig Kraus gehörten, dekonstruierte die schwerfällige Staatslimousine ›300‹ zu jenem ›SL‹-Urtyp, der zum

Mercedes 300 SL Coupé
Baujahre: 1954 – 1963; *Motor:* M-198-Sechszylinder-Einspritzmotor;
Hubraum: 2996 cm³; *Leistung:* 215 PS; *Fahrwerk vorn:* Doppelquerlenker,
Schraubenfedern, Stabilisatoren; *Fahrwerk hinten:* Eingelenkpendel-
achse, Schraubenfedern *bzw.* (ab 1957) Ausgleichsschraubenfedern;
Gewicht: 1310 kg; *Speed 0 – 100 km/h:* 9,3 s; *Vmax:* 228 – 260 km/h

Nachkriegseinstand der Sternschmiede auf dem Berner ›Brem-
gartenkurs‹ siegte.

Verlockend klang zudem die Botschaft des US-›Mercedes‹-
Generalvertreters Maxie Hoffman, der prophezeite, ein Auto wie
der ›300 SL‹ werde sich in den Staaten hervorragend verkaufen
lassen, wenn es nur einigermaßen gezähmt sei und mit elemen-
tarem Komfort aufwarte. Zur Bekräftigung orderte er kurzerhand
tausend Modelle noch direkt vom Zeichenblock. Und das New
Yorker Exponat erfüllte die gestellten Anforderungen – wie die
1399 »Silberpfeile«, die ihm bis zum Mai 1957 folgen sollten.
Natürlich hatte ›Mercedes‹ sie entschärft; dabei waren sie viel
stärker als ihre Vorfahren auf der Piste: Wo sich jene mit einem
175-PS-Vergasermotor bescheiden mussten, pumpte der Reihensechszylinder mit Hochdruckeinspritzanlage problemlos den
Serien-›300er‹ mit – je nach Ausführung der Hinterachse – 200,
215 oder 225 PS auf Spitzengeschwindigkeiten zwischen 228 und
260 km/h.

Im unteren Drehzahlbereich verrichtete der im Winkel von 40
Grad geneigte Motor – man wollte an Bauhöhe sparen – seine
Arbeit mit sanftem Schnurren, das jedoch beim fordernden Tritt
aufs Gaspedal in wütendes Geheul umschlug. Nach Brauch der
Väter zog man die Karosserie des ›W 198‹, wie der ›300 SL‹ im
Werkscode hieß, noch in Handarbeit über Holznegative. Sowohl
beim Flügeltürer als auch beim Roadster waren Motorhaube, 191

Türen und Kofferraumklappe aus Aluminium, während die übrigen Karosserieteile aus Stahl bestanden, und 29 ›SL‹ wurden auf Bestellung ganz aus Aluminium gefertigt.

Fast alles am ›300 SL‹ ordnete sich der Funktion unter, fast nichts dem Effekt, nicht einmal die berühmten Flügeltüren, die Damen für einen Moment so wunderbar verrucht aussehen ließen. Dabei wählte man den Himmelswärtsschwung weniger aus Machismo-Gründen, sondern weil sich unmittelbar unter den hohen, seitlichen Bordkanten die äußeren Streben des perfekt durchdachten Rohrgeflechts verbargen. Da normale Türen nicht in die hohe Seitenkonstruktion passten, entschied man sich für die »Notlösung«, für die in der Dachmitte anschlagenden Flügeltüren, ohne zu ahnen, dass gerade sie den ›300 SL‹ berühmt machen würden.

Den notorischen Schwachpunkt des exklusiven Coupés bildete die Hinterradaufhängung mit ihrer Zweigelenkpendelachse. Deren kurze Arme änderten ständig die Spurweite und den Radsturz, was unberechenbare Übergänge zwischen Unter- und Übersteuern nach sich zog. Stirling Moss beispielsweise, keinesfalls ein unbedarfter Pilot, landete während eines Trainings auf der 22. ›Mille Miglia‹ von 1955 in einem mit Sprengstoff beladenen italienischen Armeelastwagen.

Die Ablösung der »schönen Bestie« wurde versüßt mit dem Kürzel ›W 198/II‹, einem Roadster gleichen Kalibers. Frühere Unartigkeiten merzte jetzt eine Eingelenkpendelachse mit tiefer gesetztem Drehpunkt im Heck aus. Parklücken wurden nun nicht mehr nur registriert, sondern auch besetzt, denn die bestaunten Flügeltüren waren durch normale ersetzt worden. Überhaupt behandelte der Roadster seine Passagiere behutsamer, schon weil Frauen wieder gesittet mit Röcken ein- und aussteigen konnten, aber auch, weil füllige Chauffeure das Lenkrad nicht mehr nach unten abzuklappen brauchten, um ihren Platz hinter dem Volant einzunehmen.

Schließlich: Auf Kosten des Tanks wuchs der Kofferraum unter der flacheren und längeren Heckhaube um dreißig Liter. Was dem neuen, zwischen 30.000 und 32.000 D-Mark teuren »Frolleinwunder« jedoch fehlte, war die giftige, gleichwohl berechnete Wildheit des geflügelten ›SL‹ – und der wirtschaftliche Erfolg desselben.

Mercedes 230 SL / 250 SL / 280 SL

Anfang der sechziger Jahre erfasste der leicht ergraute ›190 SL‹ die Straßenspur nicht mehr zielsicher. Zwar stammte der sportlich-ehrliche Roadster aus demselben guten Haus wie sein großer Bruder ›300 SL‹, konnte jedoch einen Hauch von Biederkeit trotz der visuellen Nähe nie abstreifen. Ihm fehlte einfach die gewisse Härte. Drei Vorgaben gab ›Daimler-Benz‹ deshalb seinen Entwicklern mit auf den Weg für einen Nachfolger: Der Neue sollte geräumiger und komfortabler sein, zudem lichter, und möglichst viele Zutaten mussten aus dem Serienregal der Stern-Limousinen adaptierbar sein.

Ohne Auflagen durfte dagegen auf der Basis früher Skizzen von einer schönen Karosserie geträumt werden. Das zahlte sich aus, denn die patentierte Pagodenform des französischen Designers Paul Bracq erlaubte eine großzügige Verglasung und konnte, nachdem man vier Verschlusshebel gelöst hatte, abgehoben werden. Andererseits kostete das aerodynamisch völlig kontraproduktiv eingewölbte Dach mit den beiden seitlichen Sicken den ›230 SL‹

Mercedes 230 SL / 250 SL / 280 SL

Baujahre: 1963 – 1970; *Motor:* Sechszylinder-SOHC-Reihenmotor; *Hubraum:* 2281 bzw. 2496 bzw. 2778 cm^3; *Leistung:* 150 bzw. 150 bzw. 170 PS; *Fahrwerk vorn:* Doppelquerlenker, Schraubenfedern, Stabilisatoren; *Fahrwerk hinten:* Eingelenkpendelachse, Schubstreben, Schraubenfedern, Ausgleichsschrauben; *Gewicht:* 1330 – 1480 kg; *Speed 0 – 100 km/h:* 10,4 – 11 s; *Vmax:* 190 – 200 km/h

genau jene Sekunden, die ihm den Zutritt zum exklusiven Club der über 200 km/h schnellen Sportwagen ermöglicht hätten. Ausgerechnet mit dem Stoffverdeck war seine Endgeschwindigkeit um vier Stundenkilometer höher als mit dem Hardtop, nämlich 202 km/h.

Ein senkrecht stehender Sechszylinder von 2306 cm³ und 150 PS mit einer obenliegenden Nockenwelle zwang die Designer zu einer nach oben gebogenen Motorhaube. In den Abmessungen glichen sich der ›230 SL‹ und der ›190er‹ fast wie ein Ei dem anderen. Nur das Gewicht war aufgrund der neuen, umfangreicheren Ausstattung wesentlich höher. Wog der offene Roadster 1300 Kilogramm, so brachte er mit Hardtop und Automatik (die erst-

Mercedes 230 SL

mals in einem Sportwagen zu finden war) 1480 Kilogramm auf die Waage. Zur Kraftübertragung verrichteten jetzt ein vollsynchronisiertes Viergangschaltgetriebe beziehungsweise die hauseigene Automatik mit der gleichen Anzahl von Fahrstufen den Dienst. Dem technischen Standard der Untertürkheimer Tourenwagen entsprachen sowohl der selbsttragende Aufbau mit im gepressten Bodenrahmen eingeschweißten Verstärkungen als auch die Radaufhängung mit Doppelquerlenkern und Schraubenfedern vorn sowie Eingelenk-Pendelachse mit Ausgleichsschraubenfedern hinten.

In der Kabine herrschte der gewohnte Service des Traditionshauses: Leder auf zwei großen, bequemen Sportsitzen, übersichtliche, große Rundinstrumente für Geschwindigkeit und Tachometer, aber auch bis dato nicht gekannte Multifunktionsschalter am Lenkrad sowie eine Klimatisierung. Die kantige Form vergrößerte wiederum den Stauraum für das noble Gepäck beziehungsweise die Utensilien des Gentlemansportlers. Im Frühjahr 1963 debütierte der elegante ›230 SL‹ in Genf.

Im Jahre 1967, nach fast 20.000 verkauften ›SL‹, stellte ›Mercedes‹, wiederum im Genfer ›Palais des Expositions‹, die zweite Auflage vor, den ›250 SL‹ mit 2,5 Litern (bei gleicher Leistung). Nach knapp zwölf Monaten folgte dann der ›280er‹, mit dem weiter aufgebohrten Motor und standesgemäßen 170 Pferdestärken. Fünf Gänge – beim Vorgänger noch ein Wahlfach – setzten jetzt die Norm in der ›ZF‹-Schaltbox. Und endlich trotzte der ›SL‹ mit Schließzeiten von trainierten 20 Sekunden auch schlagartig einsetzenden Wetterkapriolen; untrainierte Fahrer(innen) benötigten gute 15 Sekunden mehr. Umgekehrt klappte das Öffnen des Verdecks bei Sonnenschein in ungeduldig langen 32 Sekunden. Zu Recht trug also der ›250 SL‹, seinen zuvor auf die Straße gelassenen Geschwistern durchaus ebenbürtig, die Bezeichnung »Sportwagen«. Auch führte er die Ahnenreihe der sehr leichten

Zweisitzer von ›Mercedes‹ fort, jene Automobile von zeitloser Schönheit. Leider war er der bisher letzte dieser außergewöhnlichen Sportwagen.

DIE PARTITUR DES PROFESSORS: PORSCHE

Nach vielen Jahren der Subordination fasste Ferdinand Porsche 1931 einen für die automobile Welt folgenschweren Entschluss und gründete ein Konstruktionsbüro »mit beschränkter Haftung«. Das wäre gar nicht nötig gewesen, denn der 1875 in Böhmen geborene Chefingenieur, der zuvor bei der k.u.k. Hofwagen-

Porsche 356 A

fabrik ›Lohner‹, bei ›Austro-Daimler‹ und zuletzt bei ›Steyr‹ diente, verfügte mit dem Rennfahrer Adolf Rosenberger und dem Rechtsanwalt und Schwiegersohn Anton Piëch über zwei Erfolgsgaranten in seinem Team.

Zunächst reüssierte man mit einem Kleinwagen, ehe der 16-Zylinder-Rennwagen für die ›Auto Union‹ schnurstracks auf die prestigeträchtige Rennstrecke und direkt in die Elite der Gesellschaft führte. Doch das Dritte Reich hatte anderes mit dem begnadeten Konstrukteur vor, und Porsche verwendete sein Können auf die Entwicklung des ›Volkswagens‹, der bald zum militärischen »Kübelwagen« mutierte. Es sollten ein paar Jahre vergehen, bis sich aus der Idee eines schnellen, günstig zu produzierenden »Autos für alle« ein Sportwagen entpuppte ...

Zwei Jahre nach Kriegsende kehrte Ferdinand Porsche aus französischer Gefangenschaft in das heimische Gmünd in Österreich zurück. Dort ruhte sich der rastlos-geniale Techniker und Erfinder nicht etwa aus, sondern ging gemeinsam mit seinem Sohn Ferry umgehend an die Schöpfung seines letzten Opus Magnum. Es sollte, nach so vielen sensationellen Rennwagen unter seiner Federführung, erstmals seinen Namen tragen. Als Basis des ›356er‹ diente der legendäre ›114 F Volkswagen‹. Ferdinand Porsche, der wie Henry Ford davon träumte, bezahlbare Autos für jedermann zu bauen, stellte schnell fest, dass eine Mittelmotorkonstruktion finanziell nicht durchzuhalten war. Konsequent entschied er sich für die Variante »Heckmotor«.

Im Jahre 1949, bei laufender Produktion, verlegte der Konstrukteur das Stammwerk nach Zuffenhausen bei Stuttgart, dem zukünftigen Mekka des deutschen Sportwagenbaus. Neben etlichen anderen ›Volkswagen‹-Versatzstücken diente ein modifizierter, luftgekühlter ›VW‹-Vierzylinder mit speziellen Zylinderköpfen und 1086 cm^3 Hubraum als Antrieb. Weitere Verbesserungen folgten, ehe man 1952 das neue Firmenkennzeichen kreierte: Es verband ein springendes schwarzes Pferd auf gelbem Grund, das Wappen Stuttgarts, mit dem Landessymbol Baden-Württembergs. ›Porsche‹ hatte endgültig eine neue Heimat gefunden.

Porsche 356 A

Drei Jahre später wurde es Zeit für eine grundlegende Neuentwicklung, logisch ›356 A‹ genannt. Mit dem neuen Chassis, so hieß es in der Fachpresse, umrunde man eine scharfe Kurve flott, aber gemütlich und wie auf Schienen, ganz nach Art einer Dampf ausstoßenden bayerischen Landbahn.

Die ›Porsche‹-Familie präsentierte sich im Modelljahr 1956 variabel, mit einer Vielzahl Typen, vom ›1300‹ bis zum ›1600 S‹. Unangefochtener Vorstand der Sippe aber war der ›Carrera GS‹, in des-

Porsche 356 A Roadster

sen Heck das luftgekühlte Triebwerk des ›550 Spyder‹ mächtig waltete, wenn auch mit einer zivilisierten Verdichtung und auf 100 PS abgerüstet.

Kurbelgehäuse, Zylinder und Köpfe der Bilderbuchmaschine bestanden nach Art des Hauses aus Leichtmetall, und der Zuffenhausener Philosophie entsprachen auch die hart verchromten Laufflächen. Zur aufwendigen Motorkonzeption gehörte eine neu entwickelte Kurbelwelle, welche wie die vier obenliegenden Pleuelstangen auf Rollen lief. Schlepphebel über je zwei Nockenwellen steuerten die im Winkel von 78 Grad angeordneten Ventile, während zwei Kerzen pro Zylinder im filigranen Triebwerk die Doppelzündung auslösten. Neben dem »Wellensalat« offenbarte die Trockensumpfschmierung ihre Affinität zum Rennmotor, allerdings ohne dessen Eigenwilligkeiten. Vielmehr zeigte sich der von zwei Doppelstromvergasern beatmete Motor im bürgerlichen Straßensportwagen laufruhig, harmonisch und doch elastisch. Stotterfrei konnte man das ungewöhnlich breite Drehzahlspektrum mit den Eckwerten 1500 und 7500 U/m bespielen, den dritten Gang ohne Ruck sogar von 25 bis 166 km/h. Zwischen 6000 und 7000 U/m lief der ausdressierte Vollblüter zu seiner Höchstform von 175 km/h auf. Natürlich vollzog sich der Ausritt nicht im Stillen, insbesondere wenn der Motorenlärm seinen Weg ins Freie durch das Schallrohr des unter der Heckschürze mündenden ›Sebring‹-Sportauspuffs suchte.

Zum Bordwerkzeug gehörte ein sonderbarer, um mehrere Ecken verlaufender Spezialschlüssel, mit dem sich die Zündkerzen der hinteren Verbrennungseinheiten wechseln ließen, vorausgesetzt, der Fahrer besaß handwerkliches Geschick, artistische Gelenkigkeit, Resistenz gegen Verbrennungen und konnte einen Erste-Hilfe-Kurs in Zuffenhausen vorweisen.

Selbst bei heftigem Frost brauchte man lediglich das Gaspedal zwei- bis dreimal langsam voll durchzutreten und dann mit Halb-

Porsche 356 A
Baujahre: 1955 – 1959; *Motor:* Vierzylinder-Boxermotor; *Hubraum:*
1290 – 1582 cm³; *Leistung:* 44 – 110 PS (insgesamt 7 Varianten);
Fahrwerk vorn: Einzelradaufhängung, durchgehende Blattfederstäbe,
Stabilisatoren; *Fahrwerk hinten:* Pendelhalbachse, Runddrehstab;
Gewicht: 849 – 960 kg; *Speed 0 – 100 km/h:* 11,1 – 14,5 s;
Vmax: 145 – 202 km/h

gas zu starten – und schon sprang der bullige Boxer unverzüglich
an. Die Fahrleistungen diktierten konsequent die Fahrwerkseigenschaften: Vorn wirkten zwei durchgehende Vierkantblattfe-
dern und längsliegende Traghebel, hinten runde Drehstäbe an
Pendelhalbachsen. Mit seiner betont sportlichen Stoßdämpfer-
abstimmung lag der ›356 A‹ hervorragend auf der Straße.
Die Modelle des Jahrgangs 1957 erhielten statt der alten Spindel-
lenkung das fein abgestimmte Einfingerlenkgetriebe von ›ZF‹.
Zudem änderten sich Details wie Drehzahlmesser und fast die
gesamte Lichterkette. ›Rudge‹-Chromfelgen mit Zentralverschluss
frischten den ohnehin schönen Sportwagen zusätzlich auf. Bemerkenswert: Auf der ›IAA‹ führten acht Schreibmaschinenseiten
penibel die Veränderungen auf.
Im Inneren lud der großzügig abgesenkte und mit feinem Bouclé-
Teppich ausgelegte Arbeitsplatz ein. Der Blick erweiterte sich nach
vorn durch die gleichmäßig gekrümmte, größere Windschutzscheibe, fiel unmittelbar auf drei unübersehbar große Rundinstrumente und ein schlichtes Zweispeichenlenkrad, während
links unter dem Zündschlüssel die ›Stock‹-Handbremse Kontakt
mit dem Knie des Chauffeurs suchte. Die zur Ladefläche um-
klappbare Lehne der hinteren Behelfssitze nahm immerhin zwei
Doggen auf, speziell die des Fritz Sittig Enno Werner »Huschke«
von Hanstein, Leiter der Rennabteilung bei ›Porsche‹ und Vize-
präsident der Automobilsportkommission.

Wer sich nicht beide Versionen des ›356 A‹ leisten konnte oder
wollte, wurde mit einem Hardtop entschädigt. Der ›Speedster‹ –
in dem Wort verschmelzen »Speed« und »Roadster« – verdankte
letztendlich sein Dasein Maxie Hoffman, dem begnadeten New
Yorker Sportwagenimporteur, der auch ›Volkswagen‹ – und damit
die verschwägerten ›Porsches‹ – in seinem Sortiment führte. Ve-
hement forderte er ein »billiges«, aber kleines, perfektes Cabrio
für die Sunny Boys. Allerdings nur immer für zwei.

Offen ein Genuss, verlangte der ›Speedster‹ Nehmerqualitäten
ausgerechnet unter dem geschlossenen Verdeck. Dazu notierte
der Stuttgarter ›TÜV‹ 1954: »... bei geschlossenem Verdeck sind
die Notsitze für Personen über 1,60 Meter nur dann benutzbar,
wenn für den Kopf eines jeden Mitfahrers ein Loch in das Verdeck
geschnitten wird.« 1961 endete der offene Vollzug: Das Lust spen-
dende Dekolleté wurde verschlossen.

Porsche 904 GTS

Bekanntlich zählt zu den besonders beeindruckenden Märchen
der Gebrüder Grimm die Geschichte von einem, der auszog, das
Fürchten zu lernen. Doch auch nach vielen Prüfungen lernte er

Porsche 904 GTS

das Gruseln nicht und bekam am Ende des Königs Tochter zur
Frau. Eine Geschichte, die nur von einem Schwaben handeln
konnte. Die Zuffenhausener drehten den Spieß gar um und
schufen einen Sportwagen, ›Porsche 904 GTS‹, auch ›Carrera GTS‹
genannt, der auszog, andere das Fürchten zu lehren.

Unter Ausschluss der Öffentlichkeit testete ›Porsche‹ im Herbst
1963 sowohl auf der eigenen Versuchsstrecke im schwäbischen
Weissach als auch auf dem ›Hockenheim‹- und dem ›Nürburgring‹ seinen ersten echten Mittelmotor-Sportler. Zwar arbeitete
im Prototyp noch der altbewährte 2-Liter-›Carrera‹-Motor vom
Typ ›587‹ mit vier Nockenwellen, wurde aber unterstützt von dem
Fünfgang-Transaxle mit verripptem Tunnelgehäuse aus dem
ebenfalls geplanten ›911er‹.

Schnell und gründlich begann man im November desselben Jah-
res beim Flugzeugbauer ›Heinkel‹ in Speyer 116 der neuartigen
Kunststoffkarosserien im »Handauflegeverfahren« herzustellen,
bei dem dünnwandige Polyesterteile, von höchster mechanischer
Festigkeit und mit Glasseide verstärkt, Schicht für Schicht mit der
Hand aufgelegt und mit Hilfe eines Pinsels beziehungsweise einer
Lammfellwalze mit Harz durchtränkt wurden.

Der Aufbau aus Kunstharz ging zurück auf ein Holzmodell von
Ferdinand »Butzi« Porsche, einem Enkel des Firmengründers,
und wog genau zwei Zentner. Um die Boxenstopps möglichst kurz
zu halten, ließ sich die gesamte Karosserie in einem Teil hoch-
klappen. Nach dem Verkleben und Verschrauben mit dem Stahl-
blech-Kastenrahmen-Chassis stellten es die ›Porsche‹-Ingenieure
auf eine Fahrwerkskonstruktion, die vom eigenen Achtzylinder-
›Formel 1‹ stammte. 15-Zoll-Lochscheibenräder unterschiedli-
cher Breiten, wahlweise mit verschieden großen Reifen bestückt,
hingen an schräg angestellten doppelten Querlenkern mit langen
hinteren Schubstreben. Der ›904er‹ fuhr sich darum kinderleicht,
aber aus dem gleichen Grund gefährlich. Direkt hinter der Ka-

> **Porsche 904 GTS**
> *Baujahre:* 1963 – 1964; *Motor:* Vierzylinder-Boxermotor; *Hubraum:*
> 1966 cm³; *Leistung:* 150, 180 PS; *Fahrwerk vorn und hinten:* je zwei
> schräggestellte Querlenker, Schraubenfedern, Stabilisatoren; *Gewicht:*
> 650 kg; *Speed 0 – 100 km/h:* 5,5 s; *Vmax:* 252 – 260 km/h

bine, vor der Hinterachse, verlor sich der aus dem ›Carrera 2‹ bekannte, 180 PS starke 1,96-Liter-Vierzylinder-Boxer regelrecht in
der für den ursprünglich vorgesehenen ›901‹-Sechszylinder und
das in Prototypen eingesetzte Acht-Brennkammer-Renntrieb-
werk reservierten Behausung.

Er beschleunigte indes nicht nur in weniger als sechs Sekunden
auf 100 km/h, sondern bewies im Top-Speed von 252 km/h enor-
mes Stehvermögen. Damit konnte er seiner Konkurrenz zwar
nicht wegfahren, aber ihr die Luft zum Überholen rauben. Nur
auf der Kurzbahn musste er wegen seines relativ hohen Gewichts
nachgeben. Eventuell auch wegen mangelnder Sattelfestigkeit seiner Piloten. Zwar konnten sie den ›904 GTS‹ mit 29.700 D-Mark
vergleichsweise günstig erstehen, aber die als integrierter Be-
standteil der Karosserie starr aus dem Boden ragenden, dürr ge-
polsterten Sitzschalen forderten Leidensfähigkeit.

Bevor die ›GTS‹ aus der Montagehalle rollten, waren sie bereits
allesamt verkauft. Ob ›Rallye Monte Carlo‹ oder ›Targa Florio‹, ob
die ›24 Stunden von Le Mans‹ oder die ›ADAC 1000 km Nürburgring‹ – als am 14. Mai 1964 der letzte ›GTS‹ den Besitzer wechselte, hatte der ›904er‹ seit seiner Premiere beim ›12-Stunden-
Rennen von Sebring‹ unsterblichen Sportruhm erworben.

Porsche 911 Turbo / 930 Turbo 3.0 / 930 Turbo 3.3

Auf Deutschlands Straßen herrschte in der ersten Hälfte der siebziger Jahre der Ausnahmezustand: Ölkrise, Treibstoffmangel,
Fahrverbote. Verkehrsminister Lauritz Lauritzen wollte 1974 die

Porsche 930 Turbo 3.0

verordnete Geschwindigkeitsabstinenz auf Dauer festschreiben. Das konnte dem Haus ›Porsche‹ nicht gefallen.

Hinter dem Werkstor scharrte bereits sein neuer, bis dato stärkster Sprössling ungeduldig mit den Breitreifen. Dass der Minister von der Schwemme wütender Protestpost fast verschüttet wurde, kam den Zuffenhausenern deshalb mehr als gelegen. Denn der vorläufige Schlusspunkt der ›911er‹-Reihe sollte nicht nur verdammt schnell sein, sondern auch zwei gängige Vorurteile widerlegen: Ein Spitzensportler müsse sich zwangsläufig mit dem dürftigen Komfort einer Seifenkiste begnügen und, viel gewichtiger, die Rückkopplung vom Rennfahrzeug zur Serie sei passé. Mit dem ›930 Turbo‹, beim Pariser Salon im Oktober 1974 vorgestellt, wollte ›Porsche‹ den Gegenbeweis antreten.

Von knauserigen Schwaben keine Spur. Ohne Aufpreis boten sie in diesem ›Turbo‹ alles auf, was den exklusiven Charakter des

205

Ausnahmemodells unterstrich. Rundum getönte Verglasung, elektrische Fensterheber, beheizbare Front- und Heckscheibe, eine programmierbare Klimaanlage, Scheinwerferreinigung – und, zur Abmilderung der Fahrwerkshärte, kuschelige Hochflorteppiche. Ohne Scham verrieten indes der mächtig ausgreifende »Kuchenblech«-Heckflügel und tief hängende Frontspoiler, dass dieses Auto den Angriff im Schilde führte. Mit Verbreiterungen der Kotflügel – sie beherbergten hinten 215er Breitreifen – forderte der ›911 Turbo‹ unverhohlen Respekt. Dabei befriedigten die äußeren Merkmale keinesfalls die Eitelkeit seiner Besitzer. In der Kombination von dicker Heckspoiler-Gummilippe und dezenter Front reduzierte sich der Auftrieb um 100 Prozent. Zum Klebeeffekt auf dem Asphalt trug auch das aufwendige Fahrwerk bei: vorn 7-Zoll-Felgen mit Reifen des Formats ›185/70 VR 15‹, aufgehängt an Dämpferbeinen und Querlenkern, abgefedert durch in Fahrtrichtung liegende Torsionsstäbe, hinten Pneus auf Felgen von acht Zoll Breite, die einzeln an Schräglenkern geführt und durch Torsionsstäbe quer zur Fahrtrichtung gefedert waren. Rundum verrichteten ›Bilstein‹-Gasdruckstoßdämpfer ihr unermüdliches Tagwerk.

Ohne Abstriche verpackten die süddeutschen Entfesselungsspezialisten 260 PS im Heck, nur geringfügig weniger als im Rennturbo, jedoch erheblich mehr als in sämtlichen Saugern der ›911er‹-Baureihe. Dabei versteckte der Sechszylinder, wohlig schnurrend bis gezügelt grollend, seine Potenz im unteren Drehzahlbereich hinter gefährlicher Sanftmut. Sein Abgaslader, dessen Turbinenrad ihn in der Auspuffanlage mächtig unter Druck setzte, wirkte wie ein zusätzlicher Schalldämpfer. Wehe aber, wenn der Zeiger des Ladedruckmessers beim Gasstoß ausschlug. Dann sackte das Heck ein, hob sich die Front – und von keinem Turboloch gezügelt, schoss der ›911er‹ wie in einer Achterbahnfahrt nach vorn. Ohne Reue stürmte der bullenstarke Supersportler auf

260 km/h und schlug alle hochkarätigen italienischen Sportwagen im 100-km/h-Sprint. Da seine Kraft aus der Tiefe kam – das maximale Drehmoment von 350 Newtonmetern lag zwischen 4000 bis 5000 U/m an –, genügte ein lang übersetztes Vierganggetriebe, diese Kraft jederzeit imponierend in Szene zu setzen. Vorausgesetzt, man hielt die Zügel straff in der Hand, berauschte die vehemente Kraftentfaltung. Leicht untersteuernd provozierte der unberechenbare Einsatz des Turboschubs Hecktänzchen und Herzrasen.

Im Herbst 1977 löste der ›Turbo 3.3‹ mit exakt 3299 cm³ den Dreiliter als neuer Leithirsch ab. Noch einmal erweiterte man die Bohrung um zwei auf 97 Millimeter, erhöhte den Hub von 70,4 auf 74,4 Millimeter und die Verdichtung von 6,5 zu 1 auf 7 zu 1. Bei gleich gebliebenem Ladedruck strotzte der ›Turbo‹ jetzt mit 300 PS vor schierer Kraft. Nur in der Exportversion für die USA, Kanada und Japan blieb es bei »mickrigen« 265 Hausfrauen-Pferdestärken. Ein im noch üppiger ausgefallenen Heckspoiler untergebrachter Kühler verringerte die thermische Belastung des »Treibwerks«, indem er der auf 150 Grad Celsius erhitzten Ladeluft bis zu 100 Grad Celsius entzog.

Die ohnehin moderate Geräuschkulisse des zwangsbeatmeten Aggregats wurde 1979 durch einen Doppelrohrauspuff nochmals um ein Viertel abgebaut. Der ›Porsche 930 Turbo‹ als Pferdeflüsterer? Wehe dem, der die Kontrolle über das mittlerweile auf 360 PS geschraubte rasende Tier verlor …

Porsche 911 Turbo / 930 Turbo 3.0 / 930 Turbo 3.3
Baujahre: 1974 – 1977; *Motor:* Sechszylinder-Turbolader-Boxermotor; *Hubraum:* 2993 bzw. 3299 cm³; *Leistung:* 234 bzw. 282, 300 PS; *Fahrwerk vorn:* Dreiecksquerlenker, McPherson-Federbeine, Stabilisatoren; *Fahrwerk hinten:* Längslenker, querliegende Torsionsstäbe, Stabilisatoren; *Gewicht:* 1210 kg; *Speed 0 – 100 km/h:* 5,2 – 5,7 s; *Vmax:* 250 – 260 km/h

VEREINIGTE STAATEN

CHROM UND MUSKELN

Gesucht: junge, schlanke, drahtige Männer! Nicht älter als 18 Jahre! Erfahrene Reiter und bereit, täglich den Tod zu riskieren! Waisen bevorzugt.« Mit dieser Anzeige warb 1860 der ›Pony Express‹ für einen der gefährlichsten Jobs in den noch jungen Vereinigten Staaten. Bei jedem Wetter hatte ein Kurier täglich 300 Kilometer auf der noch immer gefährlichen Route von Missouri nach Kalifornien zurückzulegen. Der abenteuerliche und extrem harte Job war begehrt, versprach er doch neben einem überdurchschnittlichen Einkommen und einer gewissen Reputation die große Freiheit.

Von Beginn an bedeutet für Amerikaner die Fortbewegung zugleich Aufbruch in eine bessere Zukunft. Das verbriefte Recht, zu jeder Zeit sich dorthin zu begeben, wohin man will, gehört zu den Gründungsmythen der Vereinigten Staaten von Amerika. Natürlich spürte man diese individuelle Freiheit im Sattel eines feurigen Mustangs intensiver als auf dem lahmen Ochsengespann eines Siedlerfuhrwerks.

Nicht umsonst verdrängte trotz der immensen Entfernungen auf dem nordamerikanischen Kontinent das Auto als »Pferdeersatz« schnell die Eisenbahn als beliebtestes Fortbewegungsmittel. Und nicht zufällig baute man in den USA die ersten für die Masse tauglichen und erschwinglichen Automobile. Neben der Hoffnung auf eine pannenfreie Ankunft interessierte bald die Frage nach dem »Wie schnell«. Wurde der ›Pony Express‹ wegen der Erfindung der Telegrafie bereits nach einem Jahr eingestellt, veranker-

Kurtis Kraft Sport Race

ten sich Wettrennen dauerhaft im kulturellen Bewusstsein der mobilen Nation.

Dennoch hinkten die Amerikaner den Europäern in der Sportwagenentwicklung lange hinterher. Der Grund war simpel: Sportwagen versprachen weniger Profit. Dieser Umstand gab kleinen, unabhängigen Autobauern wie ›Cord‹ und ›Frontenac‹ sowie Karosseriespezialisten wie ›Fleetwood‹ und ›LeBaron‹ die Chance, hinreißende »Raceabout«-Modelle mit ungewöhnlichen Aufbauten zu fertigen. ›Packards‹, ›Duesenbergs‹ und ›Auburns‹ prägten sich dank ihrer famosen Auftritte auch den zunächst ignoranten Europäern ein. Doch die Weltwirtschaftskrise stoppte die amerikanische Aufholjagd, und der kommende große Krieg setzte andere Prioritäten. Nach dessen Ende schworen viele heimkehrende GIs auf die wendigen kleinen europäischen Flitzer und lockten risikofreudige und motorsportbegeisterte Jungunternehmer in die Sportwagenszene. Einer von ihnen, Frank Kurtis, konstruierte schon Rennwagen, als Colin Chapman und Carroll Shelby noch in der Wiege strampelten. Mit vierzehn trat der Sohn kroatischer

Einwanderer in Don Lee's berühmte ›Cadillac‹-Agentur in Los
Angeles ein, in der er zunächst die ›Arrows‹ und ›Duesenbergs‹
der Hollywoodstars tunte. Schon Ende der zwanziger Jahre fuhren
die »Rennzwerge« des 1908 in Colorado geborenen Urgesteins
der amerikanischen Sportwagengeschichte mit den heißesten
Triebwerken jener Tage – den ›Ford V8‹ – für das ›Don Lee Racing
Team‹.

In den Dreißigern suchte Frank Kurtis die Unabhängigkeit und
begann in seiner eigenen Firma ›Kurtis Craft‹ in Glensdale, Kalifornien, mit dem Bau von Karossen für die ›Indycar‹-Serie, den
Inbegriff amerikanischen Rennsports. Nach dem Krieg reizte den
Leistungsfanatiker vor allem die Übertragung der Erfahrungen
aus dem Motorsport auf die Konstruktion von Tourenwagen. Seinen ersten Versuch startete er 1948 mit dem zweisitzigen ›Cabriolet Sport‹. Es wirkte zwar etwas gedrungen, zeigte dafür aber alle
Attribute eines Sportwagens vor: Kraft, Schnelligkeit, Beschleuni-
gungsvermögen und ein ausgefallenes Outfit. Rammschutz aus
Chrom und Gummi sowie wuchtige Stoßfänger vorn und hinten
fassten die 430 Zentimeter aus Aluminium und Glasfiber wie
einen Edelstein ein.

Obwohl die Begeisterung und das Wissen für konkurrenzfähige
Sportwagen durchaus vorhanden waren, besetzten ›Bocar‹ oder
›Reventlow‹, ›Cunningham‹ oder ›Devin‹ nur Nischen, bereiteten
aber den Boden für den ›Thunderbird‹ und die ›Corvette‹.

Mit der Einführung hochverdichteter ›V8‹-Motoren kündigte sich
bereits Amerikas Appetit auf überragende Leistungsstärke an,
und ›Lincolns‹ ›Capri Coupé‹ gab mit seinen Siegen auf der mör-
derischen ›Carrera Panamericana‹ einen Vorgeschmack kom-
mender Stärke. Aber erst im so oft bemühten »verflixten sieben-
ten Jahr« nach diesen Erfolgen eroberten Marilyn Monroe an der
Seite eines ›Thunderbirds‹ und Paul Newman als der »Wildeste
unter Tausend« die europäischen Herzen. Statt auf der Renn-

strecke – dort schreckte ›Fords‹ ›GT 40‹ das alte kontinentale Establishment mächtig auf – fuhren sich die messerscharfen ›GTOs‹ und ›Eldorados‹ auf dem Zelluloid ins Bewusstsein der zuvor schon vom Rock ’n’ Roll verführten Amerika-Jünger. Während Heckflossen und überbordende Chromverzierungen verschwanden, wuchsen unter der Motorhaube Hubraum und Leistung ins Unermessliche. Gegen den Willen ihrer Firmenchefs setzten gewiefte Ingenieure und coole Marketingexperten einen vollkommen neuen Trend durch – das »Muscle Car«.

Doch bekanntlich frisst der Erfolg seine Kinder, und so setzte bald darauf die »Pony Car Revolution« dem neuen Bürgerkrieg um immer mehr Pferdestärken ein Ende. Mit frischem Design, ausreichend Kraft unter dem spartanischen Sattel und einem unschlagbar günstigen Preis trug der ›Mustang‹ eine ganze Generation aufbegehrender Jugend in die blumige Illusion einer neuen Freiheit.

Immer stärker, immer schneller: Chevrolet

Zu Beginn des 20. Jahrhunderts, als die USA ihre Tore weit für Notleidende, Abenteuerlustige und Unternehmenswillige aus Europa öffnete, kam auch ein Mechaniker aus der armen Westschweiz in die Staaten. Louis Joseph Chevrolet, so hieß der schnurrbärtige Draufgänger, erwarb sich bald einen Ruf als furchtloser Werksfahrer für das Team von ›Buick‹. Doch wie so viele Einwanderer träumte er vom Aufstieg, von der eigenen Firma. Gemeinsam mit dem Geschäftsmann William Crapo Durant, von dem sich ›GM‹ gerade getrennt hatte, gründete Chevrolet zwischen 1911 und 1914 gleich mehrere Autofirmen. Eine würde es schon schaffen. Mit dem sechszylindrigen Tourenwagen ›Typ C‹, besser bekannt unter dem Namen ›Classic Six‹, gelang der Durchbruch. Doch die Partnerschaft mit Durant zerbrach an

unterschiedlichen Vorstellungen. Während Durant mit ›Fords‹

›Modell T‹ konkurrieren wollte, zog es Louis Chevrolet zu den luxuriösen Sportwagen. Die Rezession infolge der Weltwirtschaftskrise lehrte die etablierten Luxusmarken indes, dass man mit Champagner- und Kaviarautos nicht überleben konnte. Es dauerte bei ›General Motors‹ – der Autogigant hatte ›Chevrolet‹ schon 1918 übernommen – fast zwei Jahrzehnte, bis die Zeit für einen sportlichen Traumwagen reif war …

Chevrolet Corvette

Der Januar in New York ist gewöhnlich kalt und nass, doch 1953 waren die Menschen auf der Straße erwartungsfroh. Amerikas Wirtschaft boomte, der Korea-Krieg schien weit weg, und auf der Fifth Avenue flanierten die Bürger entlang der eleganten Geschäfte. In Detroit rieb man sich angesichts der raketengleich emporgeschossenen Umsätze die Hände, und noch ward kein japanisches Auto auf einem amerikanischen Highway gesichtet. Aber mehr als 110.000 europäische Sportwagen waren nicht nur das Salz in der Suppe der vier Millionen Autos, die 1952 in den USA zugelassen wurden, sondern zugleich der Pfeffer, der im Selbst-

Chevrolet Corvette

bewusstsein der US-Automobilmanager brannte. Denn diese wenigen Prozent beherrschten ein durchaus »prestigeträchtig« zu nennendes Segment. Am 17. Januar sollte sich das ändern. Zur Feier des patriotischen Hochgefühls lud ›Chevrolet‹ an diesem Tag in den Ballsaal des Nobelhotels ›Waldorf Astoria‹. Im Scheinwerferlicht drehte sich ein Roadster, der sich von allem unterschied, was Detroit bis dato jemals gezeigt hatte. Er hörte auf den Namen ›Corvette‹, war klein, weiß und sexy, während sein Interieur gänzlich in flammendem Rot gehalten war …

Begonnen hatte ›Chevrolet‹-Designer Harley Earl mit seiner Arbeit an der ›Corvette‹, so benannt nach einem kleinen, schnellen Kriegsschiffstyp, bereits im Herbst 1951. Später wurde zwar der russische Ingenieur Zora Arkus-Duntov zum Vater der ›Corvette‹ erklärt, doch war das ein Irrtum, denn der Immigrant, der nach einer abenteuerlichen Flucht durch Europa 1940 in die USA kam und hier mit seiner Firma ›Ardun‹ Achtzylinder-Motoren baute, beendete erst im Mai 1953 seine Rennfahrerkarriere. Aber der Russe entwickelte sich zum wichtigsten Paten des Projekts.

Die Zweisitzerkarosserie, ein Fiberglaspuzzle aus 46 Einzelteilen mit geschwungenen Linien und pfiffigen Details – wie die vergitterten Scheinwerfer und die durch zwei Löcher in der Karosserie ins Freie mündenden Auspuffrohre –, löste sofort patriotische Gefühle aus.

Chevrolet Corvette
Baujahre: 1953 – 1962; *Motor:* Blue-Flame-OHV-Sechszylinder-Reihenmotor *bzw.* V8; *Hubraum:* 3859 – 5359 cm^3 (insgesamt 5 Varianten); *Leistung:* 152 – 360 PS (insgesamt 17 Varianten); *Fahrwerk vorn:* Einzelradaufhängung, Dreiecksquerlenker, Schraubenfedern, Stabilisatoren; *Fahrwerk hinten:* Starrachse, außenliegende Blattfedern *bzw.* (ab 1958) Schraubenfedern; *Gewicht:* 1150 – 1230 kg; *Speed 0 – 100 km/h:* 6 – 11,7 s; *Vmax:* 170 – 215 km/h

Chevrolet Corvette

Vollkommen unsensationell hingegen offenbarte sich die Motorisierung als lahmer Sechszylinder-Reihenmotor. Ursprünglich für einen Lastwagen vorgesehen, fehlte dem 3,8 Liter starken ›Blue Flame‹ jegliches Temperament, denn ein Großteil seiner Leistung ertrank schmählich im Wandleröl der Zweigangautomatik, die, wie Zeitgenossen lästerten, meist anderer Meinung war als der Steuermann. Nicht nur das: Auch Vorder- und Hinterachse, konstatierte Arkus-Duntov nach zahlreichen Testmeilen, befänden sich in einem permanenten Streit.

Ab Juni 1953 verließen die ersten 315 Exemplare die Fabrikhallen in Flint, Michigan, danach in St. Louis, Missouri. Doch zwei Jahre nach ihrem Stapellauf driftete die ›Corvette‹ in eine Absatzflaute, und so gingen die Werksdesigner unter Harley Earl daran, den

217

Polyesteranzug für den Jahrgang 1956 zu überarbeiten. Als Vorlage dienten der ›Biscayne‹ und der ›LaSalle II‹ aus der eigenen Modellpalette, deren seitlich-horizontale Taillierung ein wichtiges Element der künftigen Linie vorgab.

Auf der Motorhaube des Nachfolgers wuchsen zwei leichte, nur auf die Show reduzierte Wölbungen, während vom Heck die beiden »Kerzenhalter« verschwanden. 1958 wurden die Einbuchtungen der Flanken hinter den Vorderrädern teilweise abgedeckt, und aus der Front der breiter, länger und schwerer ausgefallenen ›Corvette‹ starrten jetzt modische Doppelscheinwerfer. 1961 wich nicht nur der plumpe Kühlergrill feinen Gitterstäben, die der neue Chefdesigner Bill Mitchell bald darauf durch ein glattes Gitterwerk ersetzte, sondern auch das ›Chevrolet‹-Medaillon mit seinen gekreuzten Fahnen sowie einem verchromten Schriftzug. Perfekt harmonierte auch das neue Heck, jener stummelartige »Entenschwanz«, mit der Frontpartie.

Zwar sah die ›Corvette‹ aus wie ein Sportwagen, war aber noch lange keiner. Erst mit dem brillanten Kompaktmotor von Ed Cole, dem ersten Achtzylinder von ›Chevrolet‹ nach mehr als dreißig Jahren, eroberte der »Chevy« die Käufer zurück. Im erbitterten Kampf um immer höhere PS-Zahlen verdrängte 1955 der neue ›V8‹ von 4,4 Litern und 195 PS den altehrwürdigen Sechszylinder. Endlich war der Wagen schnell. 190 km/h berechtigten die ›Corvette‹ zum Tragen des Sportabzeichens. Ab 1957 bot ›GM‹ die 4,6-Liter-Maschine in fünf Variationen an: für 220, 245 und 270 PS mischten Vergaser den Kraftstoff, während die 250- und 283-PS-Maschinen über eine Einspritzung versorgt wurden. Fahrtests ergaben für diese ›Ramjet‹-Einspritzversion eine Beschleunigung von 0 auf 100 km/h in sechs Sekunden und einen Top-Speed von über 210 km/h. Und für den magischen 60-Meilen-Prestige-Sprint steigerte man die Leistung der beiden Aggregate bis 1960

auf 275 beziehungsweise 315 PS.

Es folgten die Jahre, in denen die ›Corvette‹ ihren Namen in die Erfolgslisten internationaler Wettbewerbe eintrug. Mit dem Sieg bei den ›12 Stunden von Sebring‹ sicherte sich ›Chevrolet‹ endlich die Anerkennung des europäischen Motoradels. Die ›Rochester‹-Benzineinspritzung des 5,3-Liter-Triebwerks von 1962 mästete dann mit 360 PS den stärksten Ableger der Motorenfamilie; ein Fallstromvierfachvergaser ernährte wiederum dessen mit 250 PS schwächsten Spross. ›Chevrolet‹ war am Ziel, die 3.934 Dollar teure ›Corvette‹ die Nummer eins in Amerika.

Trotz aller Werbung fanden nur wenige der 64.203 ›Corvettes‹ den Weg nach Europa. Die vergleichsweise Enge kurvenreicher Landstraßen verziehen selten die Schwächen des Autos – mit Bremsen, die den Motoren nicht gewachsen waren, und ein seit den Anfängen kaum verbessertes, fast museales Fahrwerk. Dem Mythos tat das keinen Abbruch. Im Gegenteil: In St. Louis schwenkte man bereits die Startflagge für die kommende Generation.

Chevrolet Corvette Sting Ray

Nur ein Mann mit einem Herzen aus Stein könne dieser Versuchung widerstehen, provozierten 1963 großformatige Werbeanzeigen in allen maßgeblichen US-Journalen. Andere Kampagnen

Chevrolet Corvette Sting Ray 396 Turbo Jet

erklärten das schnelle, nur 4.500 Dollar fordernde Abenteuermobil zur Standardausrüstung eines richtigen amerikanischen Mannes. Diese Appelle zum Kauf der neuen ›Corvette‹ zielten auf den Bauch jedes Machos und der Stachel des ›Sting Ray‹ – englisch für »Stachelrochen« – bedrohlich auf dessen Herz, das sich danach sehnte, endlich in die Loge der großen Sportwagen dieser Welt aufgenommen zu werden. Deren Mitglieder, ein exklusiver Club, beginnend mit dem ›Maserati 3500‹ (235 PS) über den ›Ferrari 250 GT‹ (240 PS) und den ›Jaguar E-Type‹ (265 PS) bis hin zum ›Aston Martin DB4‹ (270 PS), verlangten neben dem Abstammungszeugnis eine Mindestaufnahmegebühr von 6.000 Bucks. Von der Leistung her gebührte dem ›Sting Ray‹ mit seinen 360 PS aus den 5,3 Litern der ›Injection‹-Version sogar ein Rang über seinen illustren Konkurrenten. Deshalb brannte der angriffslustige Stachelrochen auf ein Mann-gegen-Mann-Duell in bester Wildwesttradition. Zur Vorbereitung der Auseinandersetzung übernahm ›Chevrolet‹ sowohl den Namen als auch das Design von Bill Mitchells legendärem Rennsportwagen der späten fünfziger Jahre, nachdem Konstrukteur Zora Arkus-Duntov schon 1960 mit der Planung eines vollkommen neugestalteten Nachfolgers für den rundlich-bauchigen Vorgänger begonnen hatte. Im Windtunnel des ›California Institute of Technology‹ optimierten die ›GM‹-Leute die aggressive, auf dem Versuchsträger ›XP 87‹ fußende Fiberglaskarosserie des Zweisitzers, der auch als Coupé offeriert werden sollte. In der Tat: Neben vier Rädern und zwei Sitzen hatte er nur noch die Lenkung, die Vorderradaufhängung und die vier 5,4-Liter-›V8‹-Triebwerke mit der 62er ›Corvette‹ gemeinsam. In Schlafstellung versenkbare Scheinwerfer, große Türen, die in das Dach schnitten, und ein athletisches Fastback-Styling bildeten die markanten Merkmale des neuen Jahrgangs. Umstrittene geteilte Heckfenster überstanden das Modelljahr 1963 dagegen nicht.

Chevrolet Corvette Sting Ray

Auch in einer anderen Beziehung fiel diese faszinierende ›Corvette‹ aus dem Rahmen des Üblichen. So entschlackte ›Chevrolet‹ den ›Sting Ray‹ von 1967 von jeglichem unnützen Zierrat – zum Beispiel verschwanden die zwei riesigen Grills in der Motorhaube, die vortäuschten, der ›V8‹ decke durch sie seinen Sauerstoffbedarf. Auch durch sein komfortables Wohlfühlangebot – Lederpolster, Servolenkung, Klimaanlage und Sound auf Wunsch – eroberte der ›Sting Ray‹ für ›Chevrolet‹ den US-Sportwagenmarkt zurück.

Voll des Lobes beurteilte die nationale Fachpresse die Straßenlage des im Radstand um 110 Millimeter gekürzten Sportwagens, zu der entscheidend die erstmals in einem amerikanischen Serienfahrzeug eingesetzte ›De Dion‹-Achse beitrug. Da beide Antriebsräder mit ihrer Aufhängung ein Parallelogramm bildeten, federten sie parallel zueinander ein und aus. Seine Aufhängung entsprach derjenigen der ›Formel 1‹-Rennwagen von ›Lotus‹ im Jahre 1961. Mit der neuartigen Radführung und einer Gewichtsverteilung von 48 zu 52 Prozent (1962 noch 53 zu 47) hatte man zugleich der Hinterachse das heftige Trampeln beim brachialen Beschleunigen abgewöhnt.

Im Prestigeduell um immer mehr Pferdestärken und immer niedrigere Beschleunigungszahlen galt nun Carrol Shelbys› Cobra‹, die allerdings stets die Nase vorn behielt, als der wahre Klassenfeind. 1965 schoss der auf 425 PS munitionierte 7-Liter-

Chevrolet Corvette Sting Ray
Baujahre: 1963 – 1968; *Motor:* V8; *Hubraum:* 5359, 6489, 6997 cm³; *Leis-tung:* 152 – 360 PS (insgesamt 10 Varianten); *Fahrwerk vorn:* Einzelrad-aufhängung, Dreiecksquerlenker, Schraubenfedern, Stabilisatoren; *Fahrwerk hinten:* Einzelradaufhängung, Halbachsen, Blattfedern sowie (ab 1965) Stabilisatoren; *Gewicht:* 1220 – 1430 kg; *Speed 0 – 100 km/h:* 5,5 – 8 s; *Vmax:* 170 – 240 km/h

Big-Block-Motor die ›Corvette‹ in knapp fünf Sekunden auf Tempo 100 und verlor erst bei 224 km/h an Durchschlagskraft. Niemand mehr verweigerte dem amerikanischen Straßenjungen den Respekt.

Mit der Einführung von Scheibenbremsen beseitigte ›Chevrolet‹ nicht nur einen chronischen Schwachpunkt, sondern sorgte vor, dass der Sportwagen auch aus Hochgeschwindigkeitsexpeditionen jenseits der 200 km/h sicher zum Stillstand zurückkehrte. 1967 repräsentierte ein 7-Liter-›L88‹-Triebwerk mit Aluminium-Zylinderkopf und 560 PS endgültig die Grenze des Machbaren und den hohen technischen Entwicklungsstand der ›Corvette‹ jener Jahre. Im Wettbewerb mit den superschnellen ›Cobras‹ von Shelby schlugen sich die ›Sting Rays‹ mit dem Sieg in der ›SCCA‹-Meisterschaft (›SCCA‹ = ›Sports Car Club of America‹) jedenfalls mannhaft. Doch mit der 68er-Generation der ›Corvette‹ stand die Revolution bereits mit einem Fuß in der eigenen Haustür.

Chevrolet Corvette Sting Ray

Cunningham C3 Continental

SELTENER SPORTWAGENTRAUM: CUNNINGHAM

Briggs Swift Cunningham besaß einen Vorteil vor vielen anderen: Er war Millionär. Inmitten der Handvoll motorsportverrückter amerikanischer Selfemademen, die danach trachteten, einen den Europäern ebenbürtigen Sportwagen zu bauen, ragte der Bankierssohn, passionierte Segler, Flieger und verwegene Rennfahrer deutlich heraus – und das nicht nur wegen seines Reichtums.

Seit Cunningham 1948 auf einem Nachbau eines ›Mercedes SSK‹ mit ›Buick‹-Motor in ›Watkins Glen‹, damals noch ein Straßenrennen unweit dieses Örtchens im Bundesstaat New York, einen zweiten Platz eingefahren hatte, versuchte er, die hohen Leistungsreserven amerikanischer Motoren mit den agilen Fahrwerken der kontinentalen Sportwagen zu vereinen. Sein erster Eigenbau, ein Zwitter aus ›Ford‹ und ›Cadillac‹, scheiterte 1950 bei den ›24 Stunden von Le Mans‹, doch der Millionär gab nicht auf. Ausgerüstet mit zwei topaktuellen ›V8‹ von ›Cadillac‹, zog er erneut in die Menschen und Material fressende Schlacht und überlebte das

Rennen auf respektablen Plätzen. Einen der beiden Wagen, ein stromlinienförmiges Modell, tauften die französischen Zuschauer nicht nur ob seines Auftritts »Le Monstre«.

Angespornt durch diesen Erfolg, begann Cunningham in seinem neuen Werk in West Palm Beach, Florida, mit der Entwicklung straßentauglicher Supersportwagen. Der Erstling, ein Roadster mit einem 5,4-Liter-Achtzylinder und dem Namen ›C1‹, blieb ein Einzelkind. Vom Nachfolger ›C2‹ gab es immerhin mehrere Geschwister und drei Verwandte mit einem renngenetischen Code. Cunningham entschloss sich, den ›C2‹ in einen Tourensportwagen zu verwandeln und kalkulierte einen Verkaufspreis zwischen 8.000 und 9.000 Dollar.

Cunningham C3 Continental

Nachdem die Kosten des Prototyps auf 15.000 Dollar geklettert waren, suchte und fand Cunningham mit Alfredo Vignale in Turin einen kongenialen Partner. 1953 begann die Produktion eines eleganten, schlanken, amerikanischen ›GT‹ mit italienischem Antlitz. Giovanni Michelottis Entwurf faszinierte außen wie innen: hochwertiges weiches Leder auf den komfortablen Sitzen, ein klar gezeichnetes Armaturenbrett mit sportlich großem Drehzahlmesser, einer Fülle von Rundanzeigen und edler Uhr. Hinter den sportlichen Ambitionen musste das Gepäck – wie alles andere auch –zurückstehen, und zwar zugunsten des Reserverads und des Tanks.

Cunningham C3 Continental

Baujahre: 1952 – 1955; *Motor:* V8-OHV mit 4 Fallstromvergasern; *Hub-raum:* 5420 cm³; *Leistung:* 220, 235 PS; *Fahrwerk vorn:* Einzelradaufhängung, Dreiecksquerlenker, Schraubenfedern; *Fahrwerk hinten:* Starrachse, Schraubenfedern; *Gewicht:* 1700 kg; *Speed 0 – 100 km/h:* 6 – 8 s; *Vmax:* 190 km/h

---

Lief das erste ›C3‹-Coupé noch auf der Rennstrecke in Watkins Glen, durfte das zweite auf den Laufsteg des Pariser Autosalons. Das Chassis bestand aus einer modifizierten Vorderradaufhängung mit Dreieckslenkern und Schraubenfedern von ›Ford‹ und einer ebenso gefederten Hinterachse von ›Chrysler‹. ›Chrysler‹ lieferte auch den ›V8‹, dessen 5,4 Liter von vier Fallstromvergasern beatmet wurden. Standen in der ersten Version 220 PS bei 4400 U/m bereit, beschleunigten 15 PS mehr den ›C3‹ nicht nur zwei Sekunden schneller auf 100 km/h, nämlich in sechs statt acht, nein, diese PS genügten, um den Südstaatler mit 190 km/h über die Freeways zu hetzen.

Die Montage des ›C3‹ verlief dagegen im Schneckentempo – drei Monate waren für die Fertigung eines Coupés notwendig. Auf dem Genfer Salon im März 1953 stellte ›Cunningham‹ dann noch ein Cabrio vor. Exakt 11.422,50 Dollar bildeten kein Verkaufshindernis. Diesen Part übernahm die an Sabotage erinnernde Produktionsgeschwindigkeit. Einer der besten und schönsten Sportwagen jener Tage blieb deshalb so selten wie die berühmten Briefmarken aus der ›Mauritius‹-Serie – neun Cabriolets und doppelt so viele ›Continentals‹.

Von der Familienkutsche zum Seriensieger: Dodge

Wer weiß, wie die Automobilgeschichte verlaufen wäre, hätten im Jahre 1902 die Brüder John Francis und Horace Elgin Dodge einen gewissen Henry Ford abgewiesen. Jener nämlich bat die Inhaber einer Fahrrad- und Maschinenfabrik in Detroit um einen Kredit zur Finanzierung seiner Automobilfabrik.

Doch die geschäftstüchtigen Dodge Brothers schlugen ein, ermöglichten mit der Finanzierung somit den Start der ›Ford Motor Company‹, fertigten darüber hinaus auch Teile für die frühen

Dodge Charger

›Ford‹-Modelle, ehe sie 1914 in ihrer ›Dodge Brothers Motor Ve-
hicle Company‹ selbst mit dem Bau eigener Mittelklassefahrzeuge
begannen.

Als die USA in den Ersten Weltkrieg eintraten, gingen die Brüder
typisch amerikanisch mit Glauben im Herzen und an den Erfolg
pragmatisch an die Fertigung von Lastkraftwagen für die US-
Army, und als ihnen 1925 die ›Dillon and Read Company‹ 146
Millionen Dollar für ihr Unternehmen bot, akzeptierten sie kurz
entschlossen die größte finanzielle Transaktion der damaligen
Geschichte. Drei Jahre später zog ›Chrysler‹ die ›Dodge‹-Option
und bescherte der stetig prosperierenden Mittelschicht Jahr um
Jahr regelmäßig Modelle ohne herausforderndes Image. Das sollte
sich mit der zweiten Nachkriegsgeneration ändern. Rock 'n' Roll
lief nicht nur im Radio …

In dem Maße, wie in den frühen sechziger Jahren langsam die
ausufernden Heckflossen und Chromverzierungen der US-ame-
rikanischen Oberklasse-Limousinen verschwanden, entdeckten
die aufbegehrenden Teenager derselben sozialen Schicht ihren
Einfluss auf das Kaufverhalten ihrer Eltern. Scheinbar seriöse Fa-
milienkarossen konnten für ein paar hundert Dollar mehr mit
kraftvollen Achtzylinder-Maschinen aufgerüstet werden. Diese
»Sleeper« genannten Oberklassewagen bestanden nicht nur das
sonntägliche Schaulaufen zur Kirche, sondern nahmen es bei
›NASCAR‹-Rennen (›NASCAR‹ = ›National Association for Stock
Car Auto Racing‹) mühelos mit getunten Sportwagen auf. So erhielt man 1961 für einen Aufpreis von gerade einmal 425 Dollar
einen ›Chevrolet Impala‹ mit 360 PS aus 6,7-Liter-Verbren-
nungskammern. Auch die Mittelklasse trat in den PS-Krieg ein.
›Chevrolet‹ marschierte mit dem ›Malibu SS‹, ›Oldsmobile‹ mit
dem ›Cutlass 442‹ und ›Buick‹ mit dem ›Skylark GS‹ in die
Schlacht. ›Mercury‹ hielt mit dem ›Cyclone GT‹ dagegen – und
›Dodge‹ antwortete 1966 mit einer Offensive seines ›Charger‹.

Dodge Daytona Charger

Dodge Charger / Daytona Charger

Bereits 1964 präsentierte ›Dodge‹ die Studie eines sportlichen Coupés, welches, der Zeit entsprechend, mit Fastback und großem Kühlergrill besonders junge Kunden ansprechen sollte. Ein Jahr später fuhr man eine Kleinserie des ›Dodge Dart‹ mit einem durchschlagkräftigen 4,5-Liter-Motor auf, den ›Charger 273‹. Dieses »Orange Monster« errang in der Folge sichere Siege bei den in den USA beliebten Beschleunigungsrennen. Wiederum ein Jahr darauf kam dann das Serienmodell auf den Markt, dessen Design weitgehend der Studie entsprach und ausschließlich mit ›V8‹-Maschinen bestückt war.

229

Dodge Charger / Daytona Charger
Baujahre: 1969 – 1970; *Motor:* Hemi-V8; *Hubraum:* 6980 cm^3; *Leistung:*
425 PS; *Fahrwerk vorn:* Einzelradaufhängung, Querlenker, Schraubenfedern; *Fahrwerk hinten:* Starrachse, halbelliptische Blattfederung;
Gewicht: 1440 kg; *Speed 0 – 100 km/h:* 4,3 s; *Vmax:* 320 km/h

Nach Kritik am altbackenen Auftritt überarbeitete ›Dodge‹ Ende
1968 das Modell, das Anfang des kommenden Jahres auf den
Markt kam, um etliches schnittiger als der Vorgänger wirkte und
mit dieser Karosserie bis einschließlich 1970 gebaut wurde. Jene
drei Modelljahre galten als die besten von ›Dodge‹, wobei insbesondere die ›R/T‹-Modelle (›R/T‹ = »Road and Track«) äußerst
beliebt waren; deren Verkaufszahlen konnten danach nie mehr
erreicht werden.

Das Fließheck-Coupé auf der Grundlage des ›Coronets‹ schickte
immerhin fast sieben Liter Hubraum und 425 PS an die amerikanische »Bürgerkriegsfront«. Aufgrund eines strengen Reglements
verbot sich eine weitere Manipulation des zuvor im ›Dart GTS‹
auf dem ›Daytona Oval‹ mit seinen drei berüchtigten Steilwand-
kurven bestens bewährten ›Hemi‹-Motors, woraufhin sich
›Dodge‹ auf die Verbesserung der Aerodynamik konzentrierte.
Die Weiterentwicklung auf diesem Feld trug bald in Form der
Kunststofffront mit versenkbaren Klappscheinwerfern und dem
gigantischen, weit über das Dach hinausragenden Heckflügel
erste Früchte. Natürlich gehörte dieser Auftritt nur auf die ›Indy‹-
Rennstrecke, und die 505 gebauten Exponate des ›Daytona Charger‹ beherrschten zusammen mit dem ›Plymouth‹-Schwager
›Super Bird‹ die ›NASCAR‹-Saison 1970. Pro Runde erfuhr sich
der fast 320 km/h schnelle ›Dodge‹ wegen des um 20 Prozent ge-
senkten Luftwiderstands 450 Meter Vorsprung gegenüber seinem
Vorgänger. Doch wie so manch eine Liebe verglühte der ›Daytona‹
nach nur einem Sommer.

US-GIGANT MIT SPORTLICHEN AMBITIONEN: FORD

›Highland Park‹ ist keine Adresse eines Ausflugslokals, sondern Gründungsstätte des US-Automobilunternehmens ›Ford‹. Mit dem ›T-Modell‹ stellte das 1903 vom Patriarchen Henry Ford gegründete, anfänglich unter Erfolglosigkeit leidende Unternehmen 1918 die Hälfte aller in Amerika fahrenden Automobile. Massenproduktion hieß das allseits gewinnversprechende Zauberwort für die einen, abschreckendes Symbol der Selbstbestimmung für die anderen. Pick-ups und für jedermann erschwingliche Kleinwagen dominierten eindeutig die Modellpalette, obwohl die Automobilkönige persönlich sportlichere Versionen bevorzugten, zudem seit 1932 einen erfolgreichen ›V8‹ mit flachen Zylinderköpfen im Programm hatten. Doch bekanntlich geht der Wegweiser nicht den Weg, den er weist, jedenfalls nicht so lange, bis man ihm hintergeht …

Ford Thunderbird

Ford Thunderbird

Reisen bildet. Als im Herbst 1951 ›Ford‹-Manager Lewis D. Crusoe und George Walker, freier Designer mit einem Beratervertrag für den amerikanischen Autoindustriegiganten, im ›Grand Palais‹ der französischen Metropole ihrer Lieblingsbeschäftigung nachgingen, nämlich Autos gucken, wurde eine folgenreiche Idee geboren. Beide teilten die Begeisterung für europäische Sportwagen, und beim Anblick der ›Austin-Healeys‹, ›Ferraris‹ und ›Jaguars‹ stellte Crusoe mehr zu sich selbst verdrießlich die Frage, warum man solche Traumwagen nicht im eigenen Modellprogramm habe. »Wir haben so etwas«, antwortete Walker spontan, um daraufhin das nächste erreichbare Telefon zu suchen und seinem Team in der ›Ford‹-Zentrale Dearborn die ersten Inspirationen durchzugeben.

In diesem Augenblick war der »Donnervogel« nichts als ein Geistesblitz. Es existierte noch nicht einmal der Name, der aus vielen hundert Vorschlägen wie »Panther« und »Python«, »Robin Hood« und »Playboy« ausgewählt und von ›Ford‹ mit einem Gutschein über 250 Dollar honoriert wurde. In der Tat hatten die ›Ford‹-Designer bereits einige Zweisitzer bis zur Serienreife entwickelt und anschließend im Tresor versenkt. Als aber ›General Motors‹ im Januar 1953 die ›Corvette‹ vorstellte, musste ›Ford‹ unter beträchtlichem Zeitdruck reagieren.

Ford Thunderbird (Classic Birds)

Am 9. Februar 1953 gab das Management grünes Licht für das »Unternehmen Thunderbird«, und ein Jahr später, fast genau auf den Tag, stimmte der Konzern die zukünftige Klientel mit einem perfekt aufbereiteten Prototyp aus Holz bei der ›North American International Auto Show‹ in Detroit auf den kommenden Star ein. Wie das mythische indianische Wesen, dessen Flügelschlag Donner, Blitz und erquickenden Regen erzeugt und überdies Kraft, Schnelligkeit und Wohlstand symbolisiert, strebten die Entwickler einen Zweisitzer an, der Leistung und Luxus miteinander verband. Ein Team um Bill Boyer und Frank Hershey zeichnete mit einem Seitenblick auf europäische Stilelemente eine erstaunlich schlichte und schnörkellose Linie. So stand für den Grill der ›Ferrari 340‹ Pate, während die Proportionen des ›Thunderbird‹ an

---

Ford Thunderbird (Classic Birds)
Baujahre: 1955 – 1957; *Motor:* V8-OHV; *Hubraum:* 4785, 5112 cm^3; *Leistung:* 193 – 340 PS (insgesamt 10 Varianten); *Fahrwerk vorn:* Einzelradaufhängung, Querstabilisatoren, Schraubenfedern; *Fahrwerk hinten:* Starrachse, halbelliptische Blattfederung; *Gewicht:* 1350 – 1430 kg; *Speed 0 – 100 km/h:* 7 – 12 s; *Vmax:* 165 – 200 km/h

den klassischen ›Lincoln Continental‹ der frühen vierziger Jahre
erinnerten. Henry Ford II. war's zufrieden.

Die Karosserie bestand aus Stahl und hob sich damit von dem
Leichtgewicht ›Corvette‹ ab, das die ›Ford‹-Leute einerseits als
Gradmesser, andererseits jedoch als billiges Spielzeug betrachte-
ten. Das Chassis stellte Bill Burnett, der zuvor seiner Phantasie
an dem skurrilen ›Ford Tudor‹ freien Lauf gelassen hatte. Er griff
auf den gängigen versteiften Kastenrahmen zurück und führte
die Vorderräder an Dreiecksquerlenkern und Schraubenfedern,
die hinteren an der unvermeidlichen Starrachse. Anstelle einer
abenteuerlichen, weil oft undichten Faltdachkonstruktion lieferte
›Ford‹ wahlweise ein elektrisch zu betätigendes Faltverdeck und
ein abnehmbares Hardtop. Und der Antrieb? Den lieferte ein ker-
niger ›Mercury V8‹ von 4784 cm³ und 193 PS mit manuell zu
schaltendem Dreiganggetriebe plus Overdrive oder von 198 PS
mit hydraulischem Drehmomentwandler und ebenfalls drei
Fahrstufen. Dieser Motor bot das Beste, mit dem Victor G. Ravio-
los Motoren-Department aufwarten konnte.

Von Oktober 1954 an blies ›Ford‹ zum Frontalangriff auf den Rivalen ›Corvette‹. Mit einem Verkaufsverhältnis von 24 zu 1 stach
der ›Thunderbird‹ den Gegenspieler von ›GM‹ klar aus. In puncto
Sportlichkeit sah es indessen weniger gut aus. Bei einem Ver-
gleichskampf zwischen ›Thunderbird‹ und ›Jaguar XK 120M‹ im
März 1955 auf der Rennstrecke von Thompson, Connecticut, warf
›Ford‹ nach nur drei Runden das Handtuch, da die zwei britischen
Raubkatzen den drei beängstigend wedelnden Donnervögeln bereits 800 Meter abgenommen hatten.

Dem nüchtern profitorientierten Robert McNamara, der Crusoe
1955 als Chef der Division ablöste, passten dergleichen sportliche
Ambitionen ohnehin nicht ins Konzept. Schon der Jahrgang 1956
trug nach Klagen über die harte Federung und die zu direkte Lenkung der Ausrichtung auf mehr Komfort Rechnung. Hardtops aus

Ford Thunderbird

Fiberglas gehörten bald zur Standardausrüstung, wobei 90 Prozent der Kunden auf die markanten seitlichen Bullaugen, eine Reminiszenz an die altehrwürdige Tradition des Kutschenzeitalters, partout nicht verzichten mochten. Um trotzdem in der lukrativen Sportwagensparte weiter präsent zu sein, hob ›Ford‹ die Leistung des 4,8-Liter-Motors auf 202 PS an und bot wahlweise ein Aggregat von 5112 cm³ mit sogenannter »Fordomatic« und 215 PS an sowie 225 PS bei Handschaltung. 1957 standen fakultativ sechs Triebwerke zur Verfügung, die zwischen 212 und 340 PS mobilisierten, letzteres mit einem Kompressor und bereits so stark, dass ihm das simple Fahrwerk nicht mehr gewachsen war.

Eine behutsame Karosseriekosmetik führte dann zum gefälligen Stoßstangengrill (und bedeutete das Ende der ›Classic Birds‹-Ära), zollte aber widerstrebend der zeitgenössischen automobilen Mode Tribut. Zwei Innovationen überlebten indes nur kurz: ein Radio namens ›Volumatic‹, dessen Lautstärke mit zunehmenden Fahrgeräuschen anstieg – Spötter behaupteten, es wäre umgekehrt –, und so heißende »Dial-O-Matic-Sitze«. Nach dem Betäti-

235

gen des Zündschlüssels fuhren diese Sitze in eine eingespeicherte Position – was mitunter zu partnerschaftlichen Misstönen führte, beispielsweise dann, wenn ein relativ groß gewachsener Mann auf die für seine kleinere Frau vorgesehene Einstellung ans Lenkrad gepresst wurde.

Für 1958 setzte McNamara ausschließlich auf Viersitzer und erwog sogar – eine Todsünde in den Augen der ›Thunderbird‹-Gemeinde – den Bau eines Station Wagons. Die mit den ›Classic Birds‹ nicht mehr viele Gemeinsamkeiten aufweisenden ›Flair Birds‹ mit ›Paxton-McCulloch‹-Kompressoren retteten dann die Sportwagenehre der außergewöhnlichen Rennschlitten. 300 PS stark, bestanden sie auf dem ›Daytona International Speedway‹ in der ›NASCAR‹-Serienklasse mit einem Stundendurchschnitt von 200 km/h. Spätere Donnervögel-Generationen verdienten, obwohl kommerziell sehr erfolgreich, das Prädikat »Sportwagen« dann nicht mehr.

LEIDER OHNE FINANZIELLES RÜCKGRAT: KAISER-DARRIN

Unter großen Opfern endete der Zweite Weltkrieg auch für die siegreichen Alliierten. Nach der Zeit der Entbehrungen hungerten die Amerikaner nach Zerstreuung, nach Luxus, nach der Wiederbelebung ihres American Way of Life. Mobilität und Freiheit waren zwei ihrer unveräußerlichen Schlüsselwörter. Während die großen Hersteller wenig Zeit verschwendeten, indem sie ihre alten Bauteile hervorholten und die Fließbänder anwarfen, ermunterte die aufgestaute automobile Nachfrage nicht wenige Außenseiter, hier ihr Glück zu versuchen. Einer dieser Tagträumer, der Industrielle Henry J. Kaiser, erwarb sein Vermögen ursprünglich mit Zement, wechselte während des Krieges aber zum lukrativen Bau von Kriegsschiffen. Angelockt vom Versprechen auf hohe Rendite, kaufte Kaiser 1945 die Flugzeugwerke der ›Ford Motor Company‹ im Detroiter Vorort Willow Ruin und prahlte, er wolle auch noch 100 Millionen Dollar in das Autogeschäft investieren. Zwar gelang der Einstieg der neugegründeten Marke ›Kaiser-Frazer‹ mit zwei

Kaiser-Darrin

konventionellen Modellen, doch Kaiser spürte schon bald, dass der Einsatz recht hoch war, um hier wirklich gut und erfolgversprechend mitspielen zu können.

Schauplatzwechsel. ›Ford‹ und ›GM‹, beide damit beschäftigt, den Import europäischer Sportwagen abzuwehren, zeigten sich sehr angetan, als ihnen ein gewisser Howard Darrin sein Zweisitzer-Cabriolet offerierte; vor allem ›GM‹-Chefingenieur Harley Earl war von dem Auto beeindruckt (das ihn dann zu seinem Entwurf der ›Corvette‹ führen sollte). Der Karosseriedesigner »Dutch« Darrin hingegen suchte für sein Kunststoffautomobil Kreditgeber und geriet dabei an Henry Kaiser. Der zeigte sich durchaus interessiert, vor allem, weil er zu dieser Zeit – einige Jahre vor sei-

Kaiser-Darrin
Baujahre: 1952 – 1955; *Motor:* Sechszylinder-OHV *bzw.* V8; *Hubraum:*
3703 *bzw.* 5424 cm³; *Leistung:* 90, 118, 140 *bzw.* 270 PS; *Fahrwerk vorn:*
Einzelradaufhängung, A-Arme, Schraubenfedern; *Fahrwerk hinten:*
Starrachse, halbelliptische Blattfederung; *Gewicht:* 1020 kg;
Speed 0 – 100 km/h: 9,3 – 14,8 s; *Vmax:* 160 – 224 km/h

ner 100-Millionen-Dollar-Pleite im Jahre 1955 – bereits mit glas-
faserverstärktem Kunststoff experimentierte. Letztendlich war es
jedoch der Intervention von Kaisers Ehefrau zu verdanken, dass
der sportliche Zweisitzer mit Landauer-Verdeck den Weg auf die
Straßen fand. Mit dem Ausruf:»Das ist der schönste Wagen, den
ich je gesehen habe«, rettete sie das außergewöhnliche Gefährt.
Die Karosserie des Cabrios bestand aus Fiberglas, und während
sich die vorn angeschlagenen Türen zum Öffnen in den vorderen
Kotflügel verschieben ließen, konnte neben dem klassischen
Stoffverdeck ein Blechdach in drei verschiedenen Positionen ar-
retiert werden. ›Willys-Overland‹, Tochterfirma von ›Kaiser-Frazer‹, steuerte den vorn längs eingebauten 3,7-Liter-Sechszy-
linder-Reihenmotor mit zunächst 118, später 140 PS bei. Über
ein handgeschaltetes Dreiganggetriebe erreichten sie die Hinterräder, die den schicken Amerikaner auf 160 km/h Spitze trieben. Mit 3.668 Dollar trat er dann als nicht gerade günstige Alternative zur ausländischen Konkurrenz der ›Jaguars‹ und ›Porsches‹,
aber auch gegen die einheimische ›Corvette‹ an.
Wie die ›Corvette‹ bot der ›Kaiser-Darrin‹ aber viel zu wenig Leistung. Erst nach dem unrühmlichen Ausstieg Kaisers im Jahre
1954 mobilisierte Darrin seine letzten Reserven und baute dem
Wagen einen ›V8‹ von ›Cadillac‹ ein. Der ›Eldorado‹-Achtzylinder
mit obenliegenden Nockenwellen schöpfte nun 270 PS aus fast
5,5 Litern Hubraum. Dreimal noch wiederholte Darrin diesen

Kraftakt, bis 1958 die letzte der 100 von ›Willys‹ übernommenen Karossen mit 335 PS aus 5,9-Liter-Brennkammern verkauft wurde. Mühelos schlug der seine Unabhängigkeit verteidigende Pionier dieses 224 km/h schnelle, elegante Sportcoupé für 4.350 Dollar los. Doch Darrin scheiterte an seinem finanziellen Drahtseilakt. ›General Motors‹, mit ausreichend Geld in der Hinterhand, stand selbst kurz vor der Aufgabe seiner ›Corvette‹. Doch bekanntlich sollte es mit der ›Corvette‹ anders kommen.

WEGBEREITER DER MUSCLE CARS: PONTIAC

»In God we trust«, so steht es auf jedem Dollarschein, und passenderweise entstanden die amerikanischen Muscle Cars nicht aus den Träumen hubraumsüchtiger Autoliebhaber, sondern in der Marketingabteilung der Detroiter ›GM‹-Division ›Pontiac‹. Als Simon »Bunkie« Knudsen Mitte der fünfziger Jahre ›Pontiac‹ übernahm, befand sich die Firma, deren Name auf den berühmten Häuptling der Ottawa-Indianer zurückgeht, auf Talfahrt und stand kurz vor dem Ruin. Der Generaldirektor setzte dann einige Jahre später, 1961, auf die jungen Konsumenten – und damit auf das richtige Pferd. Denn als die Tuningbausätze für die unzähligen halb- und illegalen Privatrennen keinen Absatz mehr fanden, weil der ›AMA‹, der Zusammenschluss der amerikanischen Autobauer, schon 1957 beschlossen hatte, ein verbindliches Leistungslimit einzuführen, verfiel Knudsen auf seine Werbefachleute …

Pontiac GTO

Zunächst schlugen Jim Wangers und John DeLorean die Aufrüstung des hauseigenen ›Tempest‹ mit einem ›V8‹ und 6,4 Litern Hubraum vor, was angesichts des intern festgelegten Verzichts auf Serienmodelle an Rebellion grenzte. Wie jener Häuptling als Anführer im Kampf gegen die britische Kolonialmacht seine Geg-

Pontiac GTO

ner täuschte, präsentierten die »Verschwörer« um Chefingenieur
Pete Estes dem Vorstand das Modell nur mit einem 5339-cm³-
Motor. Der Betrug blieb nicht unentdeckt und damit der laut-
starke Ärger nicht aus. Doch nachdem das Geheimnis in der automobilen Szene durchgesickert war, einer Szene, die danach

---

Pontiac GTO
Baujahre: 1964 – 1971; *Motor:* V8; *Hubraum:* 6374 cm³; *Leistung:* 325,
348 PS; *Fahrwerk vorn:* Einzelradaufhängung, Schraubenfedern;
Fahrwerk hinten: Schräglenkerhinterachse, Schraubenfedern;
Gewicht: 1615 kg; *Speed 0 – 100 km/h:* 6,9 – 11,6 s; *Vmax:* 207 km/h

hungerte, endlich wieder in Straßenschlachten Rivalen durch den Vergaser zu inhalieren, orderten die Händler ungeachtet des ›AMA‹-Banns vorausschauend den Big Block.

Selbstverständlich verweigerte sich die Firmenleitung nicht dem Erfolg: 32.000 Mal wurde der Wagen allein im ersten Jahr verkauft. Anfangs lässig aus Teilen der stärksten ›Tempest‹-Limousinen zusammengesetzt, überraschte drei Jahre darauf der fünfsitzige ›GTO‹ zwar das Laienpublikum mit seiner schieren Stärke und überflüssigen Lufteinlässen, was sich auf den Absatz (95.000 Exemplare allein im ersten Verkaufsjahr) mehr als günstig auswirkte, verärgerte jedoch die Fachpresse. Und zu bemängeln gab es neben der ungenauen Lenkung vor allem die völlig unzureichenden Bremsen. Ein der Leistung entsprechendes Fahrwerk mit Transaxle, Schräglenkerhinterachse sowie flexibler Kardanwelle und kombiniertem Schalt-Achs-Getriebe erhielt man nur als Bausatz. Dafür konnten ›GTO‹-Eigner neben kosmetischen Extras auch echte Leistungskomponenten aus der Zubehörliste wählen, wie ›Hurst‹-Schalthebel für den schnellen Klick, härtere Federn und Doppelauspuffendrohre für insgesamt 289 Dollar Aufpreis, dann Tri-Power-Doppeltrichtervergaser für 115 Dollar, die den vollen Kraftabruf schon bei knapp über 3000 U/m garantierten.

Schnell brach ein regelrechter Kult um den Prototypen einer neuen Autogeneration aus. Auf dem Markt verkauften sich mühelos ›GTO‹-Devotionalien, sogar speziell für den ›GTO‹-Fahrer entworfene Schuhe. Der ›GTO‹ wurde in Dean Jeffries *Monkeemobile* zum Hit, und die Mitglieder der populären US-Pop-Band ›The Monkees‹ fuhren ihn als privates Gefährt. Wenigstens einmal bewies der ›Pontiac‹ jedoch, dass er ein echter, ganz realer Sportwagen war: Auf dem Hollywood Freeway stoppten Sheriffs einen ›GTO‹ mit 200 km/h. Am Steuer saß ausgerechnet Mike Nesmith, Star der Fernsehserie *Monkees*.

Vom Rennsport besessen: Shelby

Don't mess with Texas. Leg dich nicht mit Texas an. Selten hat ein Slogan seine Geltung eindrucksvoller bewiesen als im Fall Carroll Hall Shelby. Die Geschichte des rauen Einzelgängers begann am 11. Januar 1923 in Leesburg, Texas. Als Sohn eines Landpostboten geboren, versuchte er sich als Pilot der amerikanischen Luftwaffe, Verkäufer von ›Lister‹-Sportwagen, Trucks und ›Goodyear‹-Reifen. Er züchtete Hühner – und fuhr im Januar 1952 sein erstes Rennen hinter dem Lenkrad eines ›Flathead V8‹ auf der Viertelmeile. Um keine Zeit zwischen der Farm und der Rennstrecke zu verlieren, trug er permanent seinen Arbeitsoverall, der bald zu seinem Markenzeichen werden sollte. ›Aston Martin‹ und ›Austin-Healey‹ wurden auf den nonkonformistischen Freak bald aufmerksam – und seine Arbeitgeber. Nach einem Unfall fuhr Shelby weiter Rennen – den Arm in einer Schiene, die Hand am Lenkrad festgeklebt.

Von Herzattacken heimgesucht, bestritt der besessene Texaner noch eine ganze Reihe von Rennen mit Nitroglyzerinpillen unter

Shelby Cobra 427

der Zunge, bis er den rustikalen Latzoverall gegen Jeans und einen breitkrempigen ›Statson‹ vertauschte. In diesem Aufzug klopfte er 1961 an die Tür Lee Iacoccas, damals visionärer Manager bei ›Ford‹, und gemeinsam beschlossen sie, einen Sportwagen zu bauen, der selbst die renommierte Konkurrenz in Grund und Boden fahren sollte.

Shelby Cobra

Shelbys Timing hätte besser nicht sein können, denn bei der britischen ›A.C.‹ war man nicht glücklich über den 2,6-Liter-›Ford‹-Motor, der seit Kurzem im ›Ace‹ die bewährte und geschätzte ›Bristol‹-Maschine abgelöst hatte. Mit einer Tasche voller Zeichnungen erschien Shelby in Thames Ditton und überzeugte die ›A.C.‹-Bosse Charles und Derek Hurlock von der Attraktivität einer angloamerikanischen Zusammenarbeit, umso mehr, als der leichte ›Ford‹-Stoßstangen-Achtzylinder ohne weiteres in den ›Ace‹ hineinpasste.

Während aus der Shelby-Werkstatt im kalifornischen Santa Fé Springs die Crew um den Texaner, den technischen Direktor Phil Remington und den Designer Peter Brock, unterstützt vom Autogiganten, die Pläne lieferte, legten in England die ›A.C.‹-Leute Hand an die erste Karosse. Shelbys Vorschlag, die Co-Produktion ›Cobra‹ zu nennen, wurde sofort akzeptiert. Ohne Umbau – das Rohrrahmenchassis wurde kräftig verstärkt – hätte die ungestüme Kraftentfaltung des ›Cobra‹ das ›Ace‹-Fahrwerk auseinandergefetzt. Dessen Radkästen, für Reifen des Formats 5.50-16 bestimmt, mussten jetzt Walzen von der Dimension 8.15-15 beherbergen und deshalb verbreitert werden. Die Karosserie, ein simpler offener Zweisitzer mit einem Anflug von Windschutzscheibe hinter der langen Motorhaube mit dem aggressiven Saugmaul, wurde jedes Mal mit einer anderen Farbe lackiert. So glaubten die Interessenten bald, der Sportwagen sei bereits in Serie, und

Shelby Cobra 427

standen Schlange. Doch erst Mitte 1962 verkaufte Shelby, mittlerweile in Venice, Kalifornien, ansässig, seine erste ›Cobra‹. Im Gründungsjahr folgten weitere 75, und irgendwie schaffte er es, diesen kernigen Roadster als ›GT‹ für den Rennbetrieb zugelassen zu bekommen.

Ab 1963 ersetzte eine Zahnstangenlenkung die bisherige mit Schnecke und Sektor, und 1965 führte Shelby die Einzelradaufhängung vorn und hinten mit unteren Dreiecksquerlenkern und oberen Querblattfedern zugunsten einer solchen mit Trapezdreiecksquerlenkern, Schraubenfedern und Teleskopdämpfern ein, während das Chassis erneut der gestiegenen Leistung angepasst wurde. Jedes Auto wurde sorgfältig von Hand gebaut, und wegen der permanenten Verbesserungen glich kein Wagen dem anderen. 245

Shelby Cobra
Baujahre: 1962 – 1968; *Motor:* V8; *Hubraum:* 4260 – 7014 cm³ (insgesamt 4 Varianten); *Leistung:* 260 – 485 PS (insgesamt 5 Varianten); Fahrwerk vorn und hinten: Einzelradaufhängung, Doppeldreieckslenker, Blattfedern (260/289) bzw. Schraubenfedern (427/428); *Gewicht:* 920 – 1150 kg; *Speed 0 – 100 km/h:* 3,8 – 5,2 s; *Vmax:* 222 – 265 km/h

Der ›Mk I‹ war mit seiner Leistung zwischen 195 und 260 PS noch relativ sanft. Seine Typenbezeichnung ›260‹ ergab sich aus dem Hubraum in »cubic inches«, denen in diesem Fall 4220 cm³ entsprachen. 1963, ab der Nummer 126, rüstete man auf 289 »cubic inches«, also 4727 cm³, und zwischen 275 und 360 PS auf. Zwei Jahre später installierte Shelby in den ›Mk III‹ den ultimativen Serienblock mit gewaltigen 427 »cubic inches«, das heißt rund sieben Litern. Bis zu 485 potente PS sorgten für die unglaubliche Höchstgeschwindigkeit von 265 km/h.

Möglich wären sogar 400 km/h gewesen, aber nur um den Preis eines zerrissenen Fahrgestells. Das bullige Geschoss beschleunigte derart brutal, dass der Beifahrer in einem ›427er‹ eine am Armaturenbrett befestigte Zehn-Dollar-Note behalten durfte, wenn er sie bei voller Beschleunigung erreichen konnte. Unter dem Aspekt der Sicherheit gehörte die extreme ›Shelby Cobra‹ mit ihrer Unberechenbarkeit denn auch ausschließlich in die Hände erfahrener, hartgesottener Könner. So beschleunigte der ›427er‹ in einem Vergleichstest auf 160 km/h, bremste auf 0 und spurtete wieder auf 160 km/h in der gleichen Zeit, in der ein eleganter ›Jaguar XK 120‹ diese Geschwindigkeit gerade zum ersten Mal erreichte. »Es ist nur fair, Sie zu warnen, dass von den dreihundert Kerlen, die sich in die 7-Liter-›Cobra‹ verliebt haben, lediglich zwei zu ihren Frauen zurückkehrten ...«, beschrieb ein amerikanischer Motorsportjournalist die verhängnisvolle Affäre mit einem ›Shelby‹. Dabei lagen schnelle Strecken wie ›Spa‹ der

›Cobra‹ ebenso wenig wie langsame von der Art der ›Targa Florio‹; zu störrisch benahm sie sich im Kurvenlabyrinth der sizilianischen Strecke. Dafür brillierte sie auf mittelschnellen Kursen wie ›Sebring‹. 1965 wurde schließlich nach einer Serie von Siegen der texanische Traum wahr: ›Cobra‹ erkämpfte die erste Markenweltmeisterschaft und schlug dabei ›Ferrari‹ im letzten Rennen, das dazu noch auf des Commendatores Heimstrecke in Monza über die Bühne ging.

Als ›Ford‹ mit dem ›GT 40‹ einen eigenen Wagen in den Rennsport einbrachte, nahm Shelby die ›Cobras‹, deren Name sogar von dem Koloss in Detroit in Beschlag genommen wurde, aus dem Rennen.

Anmerkung am Rande. Die Namensgebung ›Cobra‹ war nicht einfach zu durchschauen. Während man bei ›A.C.‹ vom ›AC Cobra‹ sprach, bevorzugte die ›Shelby‹-Organisation den Namen ›Shelby Cobra‹. Die saloppe Bezeichnung in den USA lautete wiederum ›Ford Cobra‹, womit man bei ›Ford‹ einverstanden war, solange das Auto Erfolge errang. ›Shelby American Cobra‹ hieß schließlich der homologierte Name.

Shelby Cobra 427 Super Snake

EINZELGÄNGER

EXTRAVAGANZ UND STOLZ

Die Welt der Sportwagen ist rau, nicht romantisch. Unsentimental und unerbittlich kämpfen die Marken auf dem kleinen, prestigeträchtigen Areal um jedes Prozent Marktanteil. Sekunden und Absatzzahlen, nicht Erinnerungen und Träume entscheiden über Ruhm oder Untergang. Diese Welt fordert Mut, Standhaftigkeit und harte, einsame Entschlüsse. Ein ideales Terrain für Einzelgänger, denn sie lassen sich nicht von den Moden und Launen des Zeitgeistes unterwerfen. Extrem introvertiert, entziehen sie sich jeglichem Gruppendruck.

Einzelgänger jagen allein in ihrem Revier. Ihr mächtigster Antrieb ist die Unabhängigkeit. Nicht anders im Jagdgebiet der schnellen, extravaganten Superwagen. Doch trotz aller Individualität und Rivalität vereinen sich im Moment des nationalen Stolzes die verfeindeten Clans zu einer angriffslustigen Meute. Legendär fasst der Ausspruch Carroll Shelbys im »Ferrari-Cobra-Krieg« die Frontenstellung dieser Auseinandersetzung um Glaube und Überzeugung an verschiedene Konzepte zusammen: »Die Europäer sind ein Haufen von arroganten Wichsern, und obendrauf hockt Enzo Ferrari.«

Im Kampf der Autokulturen bewies der 1965 gelandete Sieg des ›Cobra Daytona‹-Coupés über den ›250 GTO‹ die Chance eines Außenseiters gegen eine sieggewohnte etablierte Macht. Ungleich schwerer hatten es jedoch Marken, die entweder gänzlich unbekannt oder extrem exotisch waren. Ihnen fehlte eine Flagge, um die sie sich versammeln konnten. Umso grandioser geriet ihr Auf-

tritt auf der internationalen Sportwagenbühne. Ganz im Sinne
der Kompromisslosigkeit, die sie in Technik und Design für sich
beanspruchten, suchten diese Automobile keinen passenden Partner, sondern einen würdigen Gegner.

Zweien von den vielen »Einzelgängern« soll in diesem letzten
(kleinen) Kapitel die ihnen gebührende Reverenz erwiesen werden. Sie stehen für die zahlreichen weiteren Originale einer Ära,
die noch heute nichts von ihrer Faszination eingebüßt hat.

AUSHÄNGESCHILD DER GRANDE NATION: FACEL VEGA

Anfang der fünfziger Jahre war es um die französische Mitglied-
schaft im elitären Club der Supersportwagen traurig bestellt.
Schlaff hing die Trikolore im Gedenken an die ›GT‹-Legenden
›Delage‹, ›Bugatti‹ und ›Renault Alpine‹ auf Halbmast. ›Talbot-
Lago‹, der letzte der vier Musketiere, stand kurz vor dem Bankrott.
In dieser schier ausweglosen Situation fasste der umtriebige Un-

ternehmer Jean C. Daninos einen folgenreichen Entschluss. Mit einem eigenen Sportwagen wollte Daninos der Grande Nation den ihr gebührenden Platz unter den PS-Mächten zurückerobern. Der Patriot hatte in der Vergangenheit so ziemlich alles hergestellt, was sich aus Blech pressen und stanzen ließ. Neben Werkzeugen und Flugzeugteilen schließlich auch Karosserien für ›Delahaye‹, ›Simca‹, ›Panhard‹ und ›Ford France‹. 1954 war es so weit.

Facel Vega HK 500 / II

Seine ›Forges et Ateliers de Construction d'Eure-et-Loir‹ zu Colombes im Weichbild von Paris präsentierten der entzückten Fachwelt unter dem Kürzel ›Facel‹ eine Karosserie mit einem Gesicht, das, unverwechselbar, über zehn Jahre konsequent beibehalten wurde, wobei vor allem die ausladenden Panoramascheiben sowie die filigranen A-, B- und C-Säulen die designerischen Akzente setzten. Anfangs versorgte sich Daninos aus den Regalen des US-Konzerns ›Chrysler‹ mit dem kraftvollen, laufruhigen ›V8‹-Triebwerk und sah sich deshalb der Missbilligung durch eine verstimmte einheimische Presse ausgesetzt. Dagegen bewunderten auf der New Yorker Show Besucher und Stars, wie die französische Rennfahrerlegende Maurice Trintignant, Aktrice Ava Gardner, Schauspieler Tony Curtis und selbst der Schah von Persien, das mächtige Coupé ›HK 500‹.

Facel Vega HK 500 / II
Baujahre: 1954 – 1964; *Motor:* V8; *Hubraum:* 5907 *bzw.* 6286 cm^3; *Leistung:* 360 *bzw.* 355, 390 PS; *Fahrwerk vorn:* Einzelradaufhängung, Dreiecksquerlenker (Doppelquerlenker), Schraubenfedern, Stabilisator; *Fahrwerk hinten:* Starrachse, halbelliptische Blattfederung; *Gewicht:* 1650 – 1830 kg; *Speed 0 – 100 km/h:* 7,5 – 8,6 s; *Vmax:* 230 – 240 km/h

Facel Vega HK 500 / Facel Vega II

Versöhnlich-wohlwollend registrierten dann patriotische Journalisten die Einführung eines massiven, von einem französischen Hersteller gelieferten Vierganggetriebes. Bei 170 km/h schaltete man souverän in die vierte Fahrstufe, ohne dass der Lautstärkepegel der Maschine den Hörgenuss aus dem vorzüglichen Serienradio trübte. Mühelos und mit einer Schubkraft, die sich fast mit der eines ›Mercedes 300 SL‹-Roadsters deckte, erreichte man Tempo 220. Vorsicht und Voraussicht waren allerdings bei der Wahl der Route angeraten, denn auf schlechtem Untergrund neigte die hintere ›Salisbury‹-Starrachse mit halbelliptischer Blattfederung zum Trampeln. Überdies wollte das frühzeitig einsetzende wuchtige Drehmoment den Rädern mit Bedacht zugeführt werden.

253

Im September 1961 stellte Daninos der Presse den Nachfolger des ›HK 500‹ vor, den ›Facel Vega II‹. Die Rezeption durch die internationale Fachpresse fiel überschwenglich aus. Eine solche Ansammlung von Qualitäten sei einmalig, subsumierte beispielsweise die englische Publikation *Motor*. Wie auf einem fliegenden Teppich schienen die Passagiere magisch über dem Asphalt zu schweben.

Nicht ohne feine Ironie und mit deutlicher Anspielung auf den erhabenen Anspruch einer anderen Nobelmarke kommentierte *The Weekly Advertiser*, beim ›Facel II‹ handele es sich vermutlich um das zweitbeste Auto der Welt. Vom Feinsten waren etwa die Rundinstrumente, gebettet in den vertikalen, aus poliertem Nussbaumholz gefertigten Mitteltrakt der Armaturentafel, ferner schön geformte Schalter, Schieberegler und Kontrollleuchten. Türen, Sitze und Seitenwände waren bezogen mit kostbarem und duftendem englischen Leder. Obwohl die weit nach hinten gezogenen Säulen die Frontscheibe noch immer stark wölbten, reihte sich das vordere Fenster nun dezent in die fein gezeichneten Konturen des Dachaufbaus ein. Statt vorher 360 PS schöpfte der Achtzylinder von ›Chrysler‹ jetzt 390 PS aus 6286 cm³, die den um rund 180 Kilogramm abgespeckten ›Vega‹ auf respektable 240 km/h vorwärts trieben.

Doch selbst diese famosen Eigenschaften konnten ›Facel‹ nicht retten. Das Debakel der niedrig motorisierten ›Facellia‹-Schwestern, deren Maschinen permanent mit einer schlechten Motorblockkühlung kämpften, riss auch den Hochleistungstourenwagen in den finanziellen Abwärtsstrudel.

»For the few who want the finest«, bewarb der Automobilimporteur Maxie Hoffman auf dem New Yorker Autosalon von 1958 die exorbitant teuren Ausnahme-Automobile … und eine handverlesene Klientel verdankte der Vision eines Einzelnen den kurzen Genuss – und Frankreich seine wiederhergestellte Ehre.

Toyota 2000 GT

MIT VERZÖGERUNG ZUM LEBEN ERWECKT: TOYOTA

Die Geschichte des mittlerweile größten Automobilkonzerns der Welt begann 1867 in einer abgelegenen ländlichen Gegend außerhalb von Nagoya mit der Geburt von Sakichi Toyoda als Sohn eines armen Zimmermanns. Reich geworden mit der Herstellung von Webmaschinen, erkannte er noch im hohen Alter die Bedeutung des Automobils und nutzte das Kapital aus dem Verkauf seines automatisierten Modells an das britische (!) Unternehmen ›Platt Brothers‹ zum Aufbau eines Autowerkes. Seinerzeit – Ende der zwanziger, Anfang der dreißiger Jahre – drängte das fernöst-

255

liche Kaiserreich mit Macht in die erste Reihe der Industrieländer. Statt Holzsandalen, Sänften und Pferdekutschen wählte man das Automobil, um mit ihm in die Zukunft zu fahren. 1935 rollte mit dem ›A1‹ dann der erste ›Toyota‹ aus den Werkhallen und begründete ein zukünftiges Imperium.

Anstelle des Familiennamens Toyoda wurde ›Toyota‹ gewählt – zum einen, um die Aussprache zu vereinfachen, zum anderen, um durch die Verwendung einer besonderen Silbenschrift den Namen nun mit acht Strichen schreiben zu können. Da die Acht in Japan eine Glückszahl darstellt, war das ein durchaus wichtiger Grund für die Umbenennung.

Toyota 2000 GT

Dass James Bond alias Sean Connery kein Kostverächter war und eine gewisse Affinität zu mandeläugigen Schönheiten nicht verbergen konnte, ist hinlänglich bekannt. In puncto Technik bevorzugte er allerdings die Produkte aus den Werkstätten des Empire. Umso schockierender wirkte der Austausch des Bond-Cars 1967, als der unschlagbare Agent mit einem Nippon-Sportwagen seinen Verfolgern trotzte.

Wenige Jahre nach dem Krieg schlummerte Japans Automobilindustrie einen einsamen Dornröschenschlaf fernab der automobilen Laufstege. Während die meisten Designkünstler aus dem Land der aufgehenden Sonne ihre Modelle noch konsequent am vorherrschenden europäischen Geschmack vorbei modellierten, überraschte ›Toyota‹ auf der 12. ›Tokyo Motor Show‹ im Oktober 1965 das internationale und heimische Publikum mit einer aufregenden Studie.

Traditionell begannen die Männer unter Chefingenieur Jiro Kawano ihre Arbeit mit leeren Blättern auf großen Zeichenbrettern. Saturo Nozaki, inspiriert von den westlichen Musterbauten ›Jaguar E-Type‹ und ›Ferrari GTO‹ ebenso wie von der US-›Cor-

Toyota 2000 GT

vette‹, zeichnete die geduckte, dynamische Karosserie des ›2000 GT‹. Unter der lang geschwungenen Karosserie, die bei ›Yamaha‹ gefertigt wurde, verbarg sich das Beste seiner Zeit: ein kraftvoller Reihensechszylinder mit zwei obenliegenden Nockenwellen, ein vollsynchronisiertes Fünfganggetriebe, rundum Scheibenbremsen und Einzelradaufhängung an Trapezdreiecksquerlenkern sowie Schraubenfedern mit Stabilisatoren vorn und hinten. Der Antrieb erfolgte über eine Duplexkette durch die siebenfach gelagerte Kurbelwelle. Drei Flachstromvergaser besorgten die Gemischaufbereitung und verfeuerten im 100-Kilometer-Turnus rund 13 Liter Super. Scheinbar schmalbrüstige 150 PS stellte das

257

Triebwerk bereit. Scheinbar, denn Tempo 100 in zehn Sekunden und eine Höchstgeschwindigkeit von 210 km/h machten den ›2000 GT‹ damals zum Sportwagen reinsten Wassers. Für den Wettbewerb griff man auf den bei ›Yamaha‹ entwickelten Motor zurück, der dank höherer Verdichtung, geänderter Steuerzeiten und einem ›Weber‹-45-Millimeter-Dreifachvergaser bei gleichem Hubraum 200 PS an die Hinterräder gab. Seine Fahreigenschaften ergaben den perfekten Kompromiss von Handlichkeit und Komfort. Sportliche Spielereien mit dem Gaspedal belohnte der grundsätzlich neutrale Sportwagen mit gutartigem Übersteuern, wobei sich die 52 Prozent Wagengewicht auf den Hinterrädern als hilfreich erwiesen. Rosenholz, exzellente Sitze und kleine technische Kostbarkeiten wie eine Rallyeuhr neben dem normalen Zeitanzeiger verwöhnten auch den luxusgewohnten Interessenten. Das einhellige Lob schmeichelte den patriotisch gesinnten ›Toyota‹-Bossen. Mit dem ›2000 GT‹ hatten sie das Glück auch bei den »Langnasen« gefunden, das heißt auf dem internationalen Automarkt.

Toyota 2000 GT
Baujahre: 1965 – 1970; *Motor:* Sechszylinder-DOHC-Reihenmotor; *Hubraum:* 1998 cm^3; *Leistung:* 150 PS; *Fahrwerk vorn und hinten:* Einzelradaufhängung, Querstabilisatoren, Dreieckslenker, Schraubenfedern; *Gewicht:* 1125 kg; *Speed 0 – 100 km/h:* 8,5 – 10 s; *Vmax:* 206 – 220 km/h

KRISEN.
UND DER SPORTWAGEN?

DER SPORTWAGEN?
ER LEBT UND LEBT ...

Rezession, Regulierung, Rückgang. Anfang der siebziger Jahre schockte die völlig unerwartete Ölkrise den Westen. Vor dem Hintergrund der einschneidenden Beschränkungen wurde vielen Menschen erstmals die Begrenztheit der natürlichen Ressourcen bewusst. Angetrieben von der Sorge um die Unversehrtheit der Natur bildeten sich die Keimzellen der Umweltbewegung heraus. Über Nacht wurde das Automobil vom industriellen Motor zum Sündenbock der Zivilisation degradiert. Die Vereinigten Staaten reagierten mit strengen Abgasbestimmungen und leiteten damit den Abgang der hubraumbrutalen Rennbisons ein. Importeure der nähmaschinenfeinen europäischen Sportwagen standen vor dem Bankrott, und in der Alten Welt sanken die Absatzzahlen für hochgezüchtete Vollblüter dramatisch. Vorbei schienen die Zeiten, da man unbeschwert mit jedem Gasstoß das Schicksal zum Zweikampf herausfordern durfte, der Geruch von Benzin und verbranntem Gummi ein wohliges Schaudern erzeugte.

Inmitten der hysterischen Debatte wurde vergessen, dass die Party lange vorher vorbei war, da die Automobilindustrie das Thema Verkehrssicherheit konsequent unterschlagen hatte. So investierte beispielsweise ›General Motors‹ bei einem Gewinn von 1,7 Milliarden Dollar nur bescheidene eine Million in die Sicherheit. Nachdem sich jedoch die Versicherungen und der alarmierte US-Kongress des Gegenstands angenommen hatten, forderte der Markt kleinere und sparsamere Modelle.

Doch die Renaissance der rassigen und schnellen Gefährte, zumal die der reinen Sportwagen, ließ nicht lange auf sich warten. Etliche Kleinserien »überwinterten« in den Stallungen betuchter Liebhaber, während andere wiederum in Sippenhaft des grünen »Vernunftwahns« genommen worden waren. Gemessen an ihrer prozentualen Existenz konnte man die Fahrzeugklasse »Sportwagen« nun wahrlich nicht für den vermeintlichen ökologischen Kollaps verantwortlich machen.

Nach dem Tiefpunkt Anfang der achtziger Jahre erholte sich die Branche, und der Fortschrittsglaube kehrte zurück. Mit ihm die Lust am rasanten Luxus. Die Kreativität der Ingenieure war ungebrochen. Durch die Erfindung des Katalysators und aufgrund der Fortschritte bei der Kraftstoffeinspritzung genügten die Hersteller den strengen Umweltauflagen, und mit der Einführung des Airbags befriedigten sie das enorm gestiegene Sicherheitsbedürfnis. Jetzt konnte man sich wieder auf das Kerngeschäft – Schnelligkeit und Handling – konzentrieren. Während Amerika die ›Corvette‹ reanimierte und der Biss der ›Viper‹ von der Rückkehr der kraftstrotzenden Raubtiere kündete, wagten sich die wieder auferstandenen traditionsreichen europäischen Sportwagenschmieden mit edel verarbeiteten, eindrucksvollen Hightech-Boliden aus der Deckung. Die Traumfänger kehrten zurück auf die Straße. Doch das ist Stoff für eine neue Geschichte …

Wie wär's mit der Pole-Position?

Ein echtes Rennen fahren? Tun Sie es! Entweder mit Ihrem eigenen oder einem gemieteten Wagen – und das auf den schönsten Rennstrecken Europas. Vorausgesetzt, beim heißgeliebten Sportwagen handelt es sich um einen ›Ferrari‹, einen ›Lamborghini‹ oder einen ›Porsche‹. Der Schweizer Felice de Grandi bietet mit seinem Rennstall ›G2 Racing‹ Full Service in Sachen Rennsport für den Gentleman. De Grandi arrangiert alles – vom Training im Süden bis zum Treppchen nach dem Sieg.

ANHANG

Glossar: Kleines Sportwagen-ABC

A-Arm | A-förmiger Querlenker. Teil der Radaufhängung, nimmt die horizon-
talen Kräfte beim Beschleunigen, Bremsen und in Kurven auf.

Big Valve | Einlasssystem am Vergaser. Verbessert die Zuführung des Kraft-
stoffgemischs.

Blattfedern | Blattartig geformte Federung, bei der mehrere Blätter ein
Federpaket bilden. Teil des Fahrwerks, welches gewährleisten soll,
dass die Räder den Fahrbahnunebenheiten folgen, aber nicht der
Rest des Fahrzeugs.

Chapman-Federbeine | Benannt nach Colin Chapman, dem Gründer der
Marke ›Lotus‹. Spezielle Zusammenfassung einer Feder und eines
hydraulischen Stoßdämpfers mit dem Radträger in einer Einheit.

De-Dion-Achse | Starrachse mit getrenntem Antrieb, vom französischen
Automobilpionier Albert Jules Graf de Dion 1893 patentiert.

DOHC | Bauform des Motors, bei der die Ventilsteuerung über die zwei
obenliegenden Nockenwellen erfolgt. Sie sorgen getrennt für das
Öffnen und Schließen der Ein- und Auslassventile.

Dreieckslenker | Sind zwei Lenker zu einem Bauteil vereint, nennt man sie
»Dreieckslenker«.

Dreiecksquerlenker | Teil der Radaufhängung. Quer zur Fahrtrichtung
eingebaut und gelenkig mit Karosserie und Radträger verbunden,
lassen sie eine vertikale Bewegung des Radträgers zu.

Drophead | Karosserieform, bei der das Dach durch Zurückklappen geöffnet
werden kann.

Duplexkette | Spezielle Form der Rollenkette. Bei leistungsstarken Motoren
oft als Antriebs- beziehungsweise Steuerkette verwendet.

Einlasskrümmer | Verteilt die Ladeluft am Zylinderkopf.

Einzelradaufhängung | Spezielle Bauform einer Fahrzeugachse, bei der
jedes Rad einzeln, das heißt unabhängig von den übrigen Rädern,
ein- und ausfedern kann.

Fallstromvergaser | Leistungsfähiger Gleichdruckvergaser zum Vermischen
von Kraftstoff und Luft.

Fastback | Spezielle Form eines Fließheck-Coupés.

Finger | Teil der Lenkgetriebekonstruktion mit einer Spindelschnecke, die
vom Lenkrad angetrieben wird. In die Lenkspindel greift der Lenk-
finger ein, der über den Lenkhebel die Achsschenkel bewegt.

Girling-Bremsen | Benannt nach dem englischen Ingenieur Albert H.
Girling, der sich seine Entwicklung patentieren ließ. Hier handelt es
sich um sehr leistungsstarke Bremsen.

Girling-Scheibenbremsen | Spezielle Scheibenbremsen unter Verwendung von Naturkautschuk.

Hardtop | Abnehmbares Fahrzeugdach aus festem Material.

Hurst-Schalthebel | Benannt nach einem bekannten US-Auto-Tuner. Wegen ihrer schnellen Schaltbarkeit gerne bei Sportwagen verwendet.

Hypoid-Hinterachse | Bezeichnet eine für extrem hohe Geschwindigkeiten geeignete Achse mit einer bestimmten Form des Schneckengetriebes.

JAP | Abkürzung für John Alfred Prestwich, einem englischen Ingenieur und Entwickler einfacher, aber belastbarer Zweizylindermotoren.

Landauer | Viersitzige und vierrädrige (Motor-)Kutsche mit meist in der Mitte geteiltem und klappbarem Verdeck.

Längslenker | Radaufhängung mit Rotationsachsen quer zur Fahrtrichtung. Führt die Radaufnahme auf einer Kreisbahn beim Ein- und Ausfedern längs der Fahrzeugrichtung.

Laycock-Getriebe | Benannt nach dem englischen Ingenieur Laycock de Normanville, der dieses Getriebe mit Schongang 1954 entwickelte. Auch »Schnellgang« (»Overdrive«) genannt (der bei hohen Geschwindigkeiten zum Einsatz kommt).

Manx-Heck | Karosserieform mit abrupt über den Hinterrädern abstürzendem Karosseriedach, vom kalifornischen Designer Bruce Meyers erstmals vorgestellt.

OHC | Bauform des Motors, bei der die Ventilsteuerung über eine obenliegende Nockenwellen erfolgt.

OHV | Der englische Ausdruck »Overhead valves« steht für obenliegende Ventile. Bauweise von Hubkolbenviertaktmotoren, bei der die Einlass- und Auslassventile im Zylinderkopf angeordnet sind.

Omologato | Italienischer Ausdruck für »straßentauglich«.

Overdrive | Englischer Ausdruck für »Schnellgang«. Siehe auch unter »Laycock«.

Panhardstab | Element bei Fahrzeugen mit Starrachse zur Achsenseitenführung. Übernimmt die Querführung und verhindert so eine unkontrollierte Seitenbewegung.

Paxton-McCulloch-Kompressor | US-Hochleistungskompressor.

Pendelachse | Einfachste Form der Einzelradaufhängung, bei der die Räder entweder fest an der Antriebswelle angebracht oder ohne weitere Gelenke auf dem Achskörper gelagert werden.

Querlenker | Führt die Radaufnahme auf einer Kreisbahn beim Ein- und Ausfedern quer zur Fahrzeugrichtung. Weil beim Bremsen und Beschleunigen der Querlenker auch auf Zug belastet wird, ist die Bezeichnung »Zuglenker« ebenfalls geläufig.

Rochester-Benzineinspritzung | Elektronische Benzineinspritzung des US-Herstellers ›Rochester‹.

Salisbury-Starrachse | Typbezeichnung einer an Blattfedern geführten Starrachse.

Schnecke | Sonderform eines schrägverzahnten Zahnrads. Hier Teil einer Lenkung.

Schraubenfedern | Auch »Gewundene Torsionsfedern«. Bei ihnen wird der Federdraht nicht verbogen, sondern verdreht.

Sealed-Beam-Scheinwerfer | Amerikanischer Ausdruck für »Versiegelter Lichtstrahl«. Scheinwerfer nach US-Norm mit Vakuum im gesamten Hohlraum.

Sicken | Rinnenförmige Vertiefungen im Blech.

SOHC | Der englische Ausdruck »Single Overhead Camshaft« meint einen Hubkolbenviertaktmotor mit Ventilsteuerung durch eine obenliegende Nockenwelle.

Spica-Benzineinspritzung | Elektronische Benzineinspritzung des italienischen Herstellers ›Spica‹.

Stabilisatoren | Federelement zur Verbesserung der Straßenlage. Die Federwirkung wird durch Verdrehung von oft runden Drehstäben erzielt.

Starrachse | Art der Radaufhängung. Hierbei sind die Radnaben beider Räder einer Achse drehbar mit einem starren Achskörper verbunden.

Station Wagon | Englischer Ausdruck für ein Kombifahrzeug.

Sumpf | Unterer Teil des Motors, der permanent mit Öl gefüllt ist.

SU-Vergaser | Kolbenschiebervergaser des deutschen Unternehmens ›SU‹, der zur Drosselung der Verbrennungsluftzufuhr den Kolben mit Unterdruck bewegt.

Superleggera | Italienischer Ausdruck für »sehr leicht«. Bezeichnet eine Karosserie aus Leichtmetall oder Kunststoff.

Torsionsstäbe | Auch »Drehstabfedern«. Stäbe mit fester Einspannung an beiden Enden, wobei die befestigten Bauteile eine Schwenkbewegung gegeneinander um die Drehachse ausführen können.

Transaxle | Antriebsbauform, bei der Fahrzeuggetriebe, Differentialgetriebe und Achsantrieb in einem Gehäuse untergebracht sind.

Trapezdreiecksquerlenker | Ungleich langer Dreiecksquerlenker.

Trial-Auto | Der englische Ausdruck »Trial« steht für »Prüfung«. Im Automobilbereich sind damit hauptsächlich Eigenkonstruktionen gemeint.

Verdichtung | Gebräuchlich für »Verdichtungsverhältnis«, dem Verhältnis des gesamten Zylinderraums vor der Verdichtung zum verbliebenen Raum nach der Verdichtung.

Vmax | Höchstgeschwindigkeit.

Watt-Gelenk | Spezielles Achsgelenk zur Umwandlung einer rotierenden Schwenkbewegung in eine annähernd geradlinige Bewegung. Erfunden wurde es von James Watt im Jahre 1784, der es erstmalig an der von ihm weiterentwickelten Dampfmaschine verwendete. Es besteht aus einzelnen Kuppelstangen, in die zur Verbindung mit den Nachbarstäben jeweils ein Bolzen eingeschoben ist.

Weber-Vergaser | ›Weber‹ stellt extrem leistungsstarke Vergaser her. Das im italienischen Bologna ansässige Unternehmen genießt wie ›SU‹ eine hohe Reputation in Sportwagenkreisen.

Zuglenker | Siehe unter »Querlenker«.

SPORTWAGENHÄNDLER

Deutschland

Berlin | Meilenwerk, Standort Berlin, Wiebestraße 36–37,
10553 Berlin | www.meilenwerk.de
Bernau am Chiemsee | Mirbach Fine Historic Cars, Niederlassung Süd,
Hitzelsbergstraße 20, 83233 Bernau am Chiemsee | www.mirbach.de
Diez | KWM Klassische Automobile, Koblenzer Straße 26,
65582 Diez | www.kwm-oldtimer.de
Dinslaken | Classic Center Niederrhein, Kleiststraße 5,
46539 Dinslaken | www.classic-center-niederrhein.de
Düsseldorf | Flaving, Harffstraße 110a,
40591 Düsseldorf | www.morgan-flaving.de
Düsseldorf | Meilenwerk, Standort Düsseldorf, Harffstraße 110a,
40591 Düsseldorf | www.meilenwerk.de
Gladbeck | Racing Green, Klassische Automobile Gladbeck,
Wiesenstraße 1–3, 45964 Gladbeck | www.racing-green.de
Hamburg | Mirbach Fine Historic Cars, Niederlassung Nord,
Friedrich-Ebert-Damm 115, 22047 Hamburg | www.mirbach.de
Ludwigshafen | Peter Ille Classic Cars, Fußgönheimer Straße 106,
67071 Ludwigshafen-Ruchheim | www.gaspedal.de
Marburg | Galeria Classica, Frankfurter Straße 59,
35037 Marburg | www.galeria-classica.de
Mörfelden | Corvette-Center Mörfelden, Frankfurter Straße 117,
64546 Mörfelden | www.corvette-center.de
München | Wunscholdtimer München, Nördliche Auffahrtsallee 61,
80638 München | www.wunscholdtimer.de
Reichenau | Classic Cars Constance, Am Dachsberg 10,
78479 Reichenau-Waldsiedlung | www.classic-cars-constance.com
Rutesheim | Pagoden-Center Stickel, Siemensstraße 1–3,
71277 Rutesheim | www.pagoden-center.de
Singen | Autosalon Singen GmbH, Güterstraße 33–35,
78224 Singen | www.autosalon-singen.de
Stuttgart | Arthur Bechtel Automobile, Osterbronnstraße 82,
70565 Stuttgart-Vaihingen | www.arthur-bechtel.com
Stuttgart | Merz & Pabst, Alexanderstraße 46,
70182 Stuttgart | www.merz-pabst.com
Unna | Flaving, Hochstraße 4,
59425 Unna | www.morgan-flaving.de